学生最喜爱的科

XUESHENGZUIXIAIDEKE

U0575888

认识我们

★ ★ ★ ★ ★

身边的天然气

刘盼盼◎编著

在未知领域 我们努力探索

在已知领域 我们重新发现

延边大学出版社

图书在版编目（CIP）数据

认识我们身边的天然气 / 刘盼盼编著 .—延吉：
延边大学出版社，2012.4（2021.1 重印）
ISBN 978-7-5634-4623-0

Ⅰ .①认… Ⅱ .①刘… Ⅲ .①天然气—青年读物
②天然气—少年读物 Ⅳ .① TE64-49

中国版本图书馆 CIP 数据核字 (2012) 第 051763 号

认识我们身边的天然气

—————————————————————————————

编　　　著：刘盼盼
责 任 编 辑：林景浩
封 面 设 计：映象视觉
出 版 发 行：延边大学出版社
社　　　址：吉林省延吉市公园路 977 号　　邮编：133002
网　　　址：http://www.ydcbs.com　　E-mail：ydcbs@ydcbs.com
电　　　话：0433-2732435　　传真：0433-2732434
发行部电话：0433-2732442　　传真：0433-2733056
印　　　刷：唐山新苑印务有限公司
开　　　本：16K　690×960 毫米
印　　　张：10 印张
字　　　数：120（千字）
版　　　次：2012 年 4 月第 1 版
印　　　次：2021 年 1 月第 3 次印刷
书　　　号：ISBN 978-7-5634-4623-0

—————————————————————————————

定　　　价：29.80 元

前 言 ●●●●●●
Foreword

　　天然气作为一种高效、优质、清洁的能源，其用途越来越广泛，需求量也在不断地增加。对天然气的利用已经引起了人们的广泛关注。本书内容丰富，针对性强，附有大量的图片，没有太多的专业术语而是改用通俗易懂的文字展现在读者面前。

　　天然气是一种多组分的混合气体，主要成分是烷烃，其中甲烷占绝大多数，另有少量的乙烷、丙烷和丁烷，此外一般还含有硫化氢、二氧化碳、氮和水气，以及微量的惰性气体，如氦和氩等。在标准状况下，甲烷至丁烷以气体状态存在，戊烷以下为液体。天然气蕴藏在地下多孔隙岩层中，主要成分为甲烷，比重约 0.65，比空气轻，具有无色、无味、无毒之特性。天然气在空气中含量达到一定程度后会使人窒息。

　　天然气水合物是分布于深海沉积物或陆域的永久冻土中，由天然气与水在高压低温条件下形成的类冰状的结晶物质。因其外观像冰一样而且遇火即可燃烧，所以又被称作"可燃冰"或者"固体瓦斯"和"气冰"。

与石油相比，在物理性质方面，天然气基本是只含有极少量液态烃和水的单一气相；石油则可包容气、液、固三相而以液相为表征的混合物。天然气密度比石油小得多，既易压缩，又易膨胀。

天然气是较为安全的燃气之一，它不含一氧化碳，也比空气轻，一旦泄漏，立即会向上扩散，不易积聚形成爆炸性气体，安全性较高。采用天然气作为能源，可减少煤和石油的用量，因而大大改善环境污染问题；天然气作为一种清洁能源，能减少二氧化硫和粉尘排放量近100%，减少二氧化碳排放量60%和氮氧化合物排放量50%，并有助于减少酸雨形成，舒缓地球温室效应，从根本上改善环境质量。天然气将慢慢走进我们生活中，我们的生活中将会有更多天然气的应用和利用。目前，天然气还主要应用在化工方面，有很多化工产品的原料就是天然气。甲醇制烯烃和甲醇制丙烯是两个重要的 C1 化工新工艺，是指以煤或天然气合成的甲醇为原料，借助类似催化裂化装置的流化床反应形式，生产低碳烯烃的化工技术。

本书内容丰富，可阅读性强，实用性强。目前天然气工业已进入迅速发展阶段，天然气的利用在全国范围内将逐渐扩大，本书对天然气的气藏分类及其组分性质等进行了介绍，书中有当今国内外天然气的燃料利用、化工利用及副产品的综合利用，并对天然气的资源、产量等技术作了介绍。书中附有大量的图片，图文并茂让读者读起来更加形象，更容易理解。如果你还对天然气一无所知，那么为自己补充些知识吧，天然气前景可观，了解认识我们身边的天然气是必不可少的任务。

目录 CONTENTS

第❶章

天然气的基本知识

第❷章

天然气与石油对比

第❸章

天然气的管道发展

第❹章

天然气的发展状况

第❺章

天然气的生活应用

第**6**章

天然气的化工利用

天

然气的基本知识

第一章

TIANRANQIDEJIBENZHISHI

从广义的定义来说，天然气是指自然界中天然存在的一切气体，包括各种自然过程形成的气体。我们平常对"天然气"的定义，是从能量角度出发的狭义定义，是指天然蕴藏于地层中的烃类和非烃类气体的混合物，主要成分烷烃，其中甲烷占有很大的比例，另有少量的乙烷、丙烷和丁烷。天然气在我们生活应用的非常广泛。本章带我们一起去了解一下天然气的基本知识。

天然气形成原因

Tian Ran Qi Xing Cheng Yuan Yin

天然气与石油生成过程在紧密相连中还存在着区别：

石油的形成主要存在于深成作用阶段，由催化裂解作用引起；而天然气的形成是贯穿成岩、深成、后成直至变质作用的始终。

与石油的生成所不同的是，无论是原始物质还是生成环境，天然气的生成比石油的生成更为广泛、迅速、容易，各种类型的有机质都可形成天然气——腐泥型有机质则既生油又生气，腐殖形有机质主要生成气态烃。因此天然气的成因是各种各样非常多的。

总的来说，天然气的成因主要是：生物成因气、油型气和煤型气。

※天然气

◎生物成因气

生物成因气是指在成岩作用早期阶段，在浅层生物化学作用带内，沉积有机质经微生物的群体发酵和合成作用形成的天然气。其中有时混有早期低温降解形成的气体。生物成因气出现在埋藏浅、时代新和演化程度低的岩层中，其中以含甲烷气为主。

◎形成条件

生物成因气形成的前提条件是要有更加丰富的有机质和强还原环境。

最有利于生物成因气的有机母质是草本腐殖型—腐泥腐殖型，这些有机质多分布于陆源物质供应丰富的三角洲和沼泽湖滨带，通常含陆源有机质的砂泥岩系列最有利。硫酸岩层中并没有条件可供大量生物成因气的形成，受硫酸的影响，对甲烷菌的产生有很有明显的抵制作用，H_2 优先还

原 $SO_4^{2-} \rightarrow S^{2-}$ 形成金属硫化物或 H_2S 等，因此 CO_2 不能被 H_2 还原为 CH_4。

只有在合适的地化条件下甲烷菌的才会良好的生长，最主要的是要有足够强的还原条件，一般 $Eh < -300mV$ 为宜（即地层水中的氧和 SO_4^{2-} 依次全部被还原以后，才会大量繁殖）；其次对 pH 值来说，接近中性是最合适的，一般 $60 \sim 80$，最佳值 $72 \sim 76$；再者，甲烷菌生长温度 $0℃ \sim 75℃$，最佳值 $37℃ \sim 42℃$。在没有这些生活条件下，甲烷菌是不能生长的，缺少了甲烷菌这一重要条件，甲烷气的生成便不能进行下去。

◎化学组成

生物成因气几乎全部由甲烷组成，其含量一般大于 98%，高的可达 99% 以上，重烃含量则很少，一般小于 1%，其余是少量的 N_2 和 CO_2。因此生物成因气的干燥系数（$Cl/\sum C^{2+}$）一般在数百至数千以上，是最为典型的干气，甲烷的 $\delta13C1$ 值一般 $-85‰ \sim -55‰$，最低可达 $-100‰$。世界上的许多国家与地区都发现存在生物成因气藏，如在西西伯利亚 683 $\sim$1300 米白垩系地层中，发现了可采储量达 105 万亿立方米的气藏。中国柴达木盆地（有些单井日产达 1 百多万方）和上海地区（长江三角洲）也发现了这类气藏。

◎油型气

油型气主要有湿气（石油伴生气）、凝析气和裂解气这 3 种。它们是沉积有机质特别是腐泥型有机质在热降解成油过程中，同石油一起生成的，或者是在后成作用阶段由有机质和早期形成的液态石油热裂解所形成的。

※天然气管道

◎形成与分布

与石油经有机质热解逐步形成相同的是，天然气的形成同样具有明显的垂直分带性。

在剖面最上部（成岩阶段）是生物成因气，在深成阶段后期是低分子量气态烃（C2～C4）即湿气，以及由于受高温高压使轻质液态烃逆蒸发的因素而形成的凝析气。在剖面下部，由于受温度上升的影响，生成的石油裂解为小分子的轻烃直至甲烷，有机质也进一步生成气体，以甲烷为主石油裂解气是生气序列的最后产物，这一阶段通常被称为干气带。

由石油伴生气→凝析气→干气，随着甲烷含量的逐渐增多，干燥系数也随之升高，甲烷 $\delta13C1$ 值随有机质演化程度增大而逐渐增大。

经过对中国四川盆地气田的研究得知，该盆地的古生代气田是高温甲烷生气期形成的，从三叠系→震旦系，干燥系数由小到大（T：355→P：731→Z：3871），重烃由多到少。川南气田中，天然气与热变沥青共生，这一系列变化直接说明了天然气是由石油热变质而成的。

◎煤型气

煤型气是指煤系有机质（包括煤层和煤系地层中的分散有机质）热演化而生成的天然气。

在煤田开采中，经常会出现大量瓦斯涌出的现象，如四川合川县一口井的瓦斯突出，排出瓦斯量竟高达 140 万立方米，由此得知，煤系底层也可以生成天然气。

煤型气是由多种成分组成的混合性气体，其中烃类气体以甲烷为主，重烃气含量少，一般为干气，但有时会是湿气，甚至凝析气。有时可含较多 Hg 蒸汽和 N_2 等。

在一定情况下，煤型气也是可以形成特大气田的，1960 年以来在西西伯利亚北部、荷兰东部盆地和北海盆地南部等地层发现了特大的煤型气田，这三个气区探明储量 22 万亿立方米，占世界探明天然气总储量的1/3 多。据统计（MT哈尔布蒂，1970），在世界已发现的 26 个大气田中，有 16 个属煤型气田，数量占 60%，储量占 72.2%，由此可见，煤型气在世界可燃天然气资源构成中占有重要地位。中国的煤炭资源是十分丰富的，据统计有 6 千亿吨，在全世界位居第三，聚煤盆地发育，现已发现有煤型气聚集的有华北、鄂尔多斯、四川、台湾—东海、莺歌海—琼东南以及吐哈等盆地。据研究调查得知，鄂尔多斯盆地中部大气区的气多半来自上古生界 C-P 煤系地层（上古：下古气源＝7：3 或 6：4），可见煤系地层有生成天然气的巨大潜力。

◎成煤作用与煤型气的形成

成煤作用包括泥炭化和煤化作用两个阶段。泥炭化阶段，是指那些堆积在沼泽、湖泊或浅海环境下的植物遗体和碎片，经过长期复杂的生态变化逐渐形成煤的前身——泥炭；加之盆地沉降，埋藏加深和温度压力随之增高，便由泥炭化阶段进入到煤化作用阶段，在煤化作用中泥炭经过微生物酶解、压实、脱水等共同作用最终变为褐煤；当埋藏逐步加深，已形成的褐煤在温度、压力和时间等因素作用下，按长焰煤→气煤→肥煤→焦煤→瘦煤→贫煤→无烟煤的序列转化。

影响煤型气的形成及产率的因素不是只有煤阶，它还与煤的煤岩组成有着紧密的联系，腐殖煤在显微镜下可分为镜质组、类脂组和惰性组三种显微组分，中国大多数煤田的腐殖煤中，镜质组的含量在各组分含量中是最高的，约占50%～80%，惰性组占10%～20%（高者达30%～50%），类脂组含量最低，一般不超过5%。

在成煤作用中，每个组分对它的形成都是很重要的，是缺一不可的。长庆油田与中国科院地化所（1984）在成功地分离提纯煤的有机显微组分基础上，开展了低阶煤有机显微组分热演化模拟实验，并探讨研究出了不同显微组分的成烃贡和成烃机理。发现三种显微组分的最终成烃效率比约为类脂组：镜质组：惰性组＝3：1：0.71，产气能力比约为33：1：0.8，说明惰性组同样具有生气的能力。

◎无机成因气

地球深部岩浆活动、变质岩和宇宙空间分布的可燃气体，以及岩石无机盐类分解产生的气体，都属于无机成因气或非生物成因气。它属于干气，主要成分是甲烷，有时含 CO_2、N_2、He 及 H_2S、Hg、蒸汽等，甚至以它们的某一种为主，最终形成用于工业上的非烃气藏。

◎甲烷

无机合成：$CO_2 + H_2 \rightarrow CH_4 + H_2O$，条件：高温（250℃）、铁族元素。

地球原始大气中甲烷：主要吸收于地幔，沿深断裂、火山活动等缓缓排出。

板块俯冲带甲烷：大洋板块俯冲高温高压下脱水，分解产生的 H、C、CO/CO$_2$→CH$_4$。

◎CO$_2$

天然气中高含 CO$_2$ 与高含烃类气一样，它的经济意义同样是非常巨大的，就 CO$_2$ 气藏来说，具有经济意义的是 CO$_2$ 含量＞80％（体积浓度）的天然气，它可以很广泛用于工业、农业、气象、医疗、饮食业和环保等领域。中国广东省三水盆地沙头圩水深井天然气中 CO$_2$ 含量高达 9955％，日产气量 500 万方，在所有的气藏是很有经济价值的。

目前世界上已发现的 CO$_2$ 气田藏主要分布在中—新生代火山区、断裂活动区、油气富集区和煤田区。在成因上分析，一共有以下几种。

◎无机成因

①上地幔岩浆中富含 CO$_2$ 气体，当岩浆沿地壳薄弱带上升、压力减小，其中 CO$_2$ 逸出。

②碳酸盐岩受高温烘烤或深成变质会生成大量的 CO$_2$，当有地下水参与或含有 Al、Mg、Fe 杂质，98℃～200℃也能生成相当量 CO$_2$，这种成因 CO$_2$ 特征：CO$_2$ 含量＞35％，δ13CCO$_2$＞－8‰。

③碳酸盐矿物与其他矿物相互作用也可生成 CO$_2$，如白云石与高岭石作用便可以生成 CO$_2$。

◎有机成因

N$_2$ 是大气中的主要成分，经研究得知，分子氮的最大浓度和逸度出现在古地台边缘的含氮地层中，尤其是在蒸发盐岩层分布区的边界内含量最大。氮是由水层迁移到气藏中的，由硝酸盐还原而来，其先体是 NH^{4+}。

N$_2$ 含量大于 15％者为富氮气藏，在天然气中 N$_2$ 的成因类型主要有：

①有机质分解产生的 N$_2$，100℃～130℃分解产生量达到最高，生成的 N$_2$ 量占总生气量的 20％，含量较低；（有机）；

②地壳岩石热解脱气：如辉绿岩热解析出气量，N$_2$ 可高达 52％，此类 N$_2$ 可富集；

③地下卤水（硝酸盐）脱氮作用：硝酸盐经生化作用生成 N$_2$O＋N$_2$；

④地幔源的 N_2：如铁陨石含氮数十至数百个 ppm；

⑤大气源的 N_2：大气中 N_2 由于受地下水循环的影响而往深处运移，所以在其中混入最多的是温泉气。

由同位素特征可以知道，一般来说最重的氮集中在硝酸盐岩中，较重的氮集中在芳香烃化合物中，而较轻的氮则多集中在铵盐和氨基酸中。

◎H_2S

在全球已经发现气藏中，几乎都存在有 H_2S 气体，H_2S 含量>1％的气藏为富 H_2S 的气藏，具有商业意义者需>5％。

经研究得知（Zhabrew 等，1988），具有商业意义的 H_2S 富集区主要是大型的含油气沉积盆地，在这些盆地的沉积剖面中均含有厚的碳酸盐—蒸发盐岩系。

自然界中的 H_2S 生成主要有以下两类：

①生物成因（有机）：包括生物降解和生物化学作用；

②热化学成因（无机）：有热降解、热化学还原、高温合成等。根据热力学计算，自然环境中石膏（$CaSO_4$）被烃类还原成 H_2S 的需求温度高达 150℃，因此自然界发现的高含 H_2S 气藏均产于深部的碳酸盐—蒸发盐层系中，并且碳酸盐岩有良好的储集性。

◎稀有气体（He、Ar）

虽然在地下的含量中稀有气体的含量是非常少的，但是稀有气体有很特殊的地球化学行为，因此它们常常被科学家们称作是地球化学过程的示踪剂。

He、Ar 的同位素比值 $3He/4He$、$40Ar/36Ar$ 是查明天然气成因的极重要手段，因沿大气→壳源→壳、幔源混合→幔源，二者不断增大，前者由 $139×10^{-6}$→>10^{-5}，后者则由 2956→>2000。

地球上的所有元素都会地经历了类似现在太阳上的核聚变的过程，当碳元素由一些较轻的元素核聚变形成后的一定时期里，它便通过与大气里的氢元素反应生成甲烷，随着温度下降，氧气变得十分活跃，它氧化、聚合了甲烷形成了石油分子，经过一定长时间的氧化、聚合，石油分子就会越来越大，最后形成了大量的近似沥青的物质，当早期地球频繁的火山熔岩喷发在沥青上时，因为熔岩的密度大，沉入石油底部对其隔绝空气进行持续的加强热，导致碳氢键断裂，最终释放氢气，形成我们所知道的煤炭。一部分石油分子不是甲烷经氧化、聚合而形成的，而是在地球较高温度时，由碳、氢直接形成不饱和烃聚合而形成的。

天然气在自然界的分布是很广泛的，成因类型众多且热演化程度各不相同，其地化特征更是各不一样，所以用相同的指标来识别的话是很难进行的。经过很多次的实践得知，用多项指标综合判别比用单一的指标准确性更高更为可靠。天然气成因判别所涉及的项目，主要有同位素、气组分、轻烃以及生物标志化合物四项，其中有些内容判别标准截然，它的意义是绝对的，有些内容则在三种成因气上有些重叠，只具有一定的相对意义。

◎天然气的形成

天然气系古生物遗骸长期沉积地下，经长时间的一系列的地质变化而逐渐转化及变质裂解而产生之气态碳氢化合物，具有可燃性，多在油田开采原油时随之溢出。

天然气蕴藏在地下约 3000～4000 米之多孔隙岩层中，是埋藏在地下的古生物经过数亿万年的高温和高压等的共同作用而形成的可燃气，是一种无色无味无毒、热值高、燃烧稳定、环保干净的优质能源。构成天然气的主要成分是甲烷，热值为 8500 千卡/立方米是一种主要由甲烷组成的气态化石燃料。它主要存在于油田和天然气田，会有少部分与煤层出现。

在石油地质学中，通常指油田气和气田气。其组成以烃类为主，并含有非烃气体。广义的天然气通常是指地壳中一切天然生成的气体，其中包括油田气、气田气、泥火山气、煤撑器和生物生成气等。依据天然气在地下存在的相对状态可分为游离态、溶解态、吸附态和固态水合物。只有游离态的天然气经聚集形成天然气藏，才能被开发和利用。天然气有很广泛的应用，其中最主要用途是作燃料，可制造炭黑、化学药品和液化石油气，由天然气生产的丙烷、丁烷是现代工业的重要原料。天然气主要由气态低分子烃和非烃气体混合组成。

当甲烷飘散到大气层中时，它会是一种直接导致温室效应急速加剧的温室气体，飘散在空气中的甲烷是一种空气污染物，并不是有用的能源。然而，在大气中飘散的甲烷一旦与臭氧相遇发生氧化反应，产生二氧化碳和水，因此排放甲烷所导致的温室效应是相对短暂的。而且就燃烧这一方面而言，天然气要比煤这类石炭纪燃料产生的二氧化碳要少很多。甲烷的重要生物形式来源是白蚁、反刍动物（如牛羊）和人类对土地的耕种。据估计，这三者的散发量分别是每年 15、75 和 100 百万吨（年散发总量约

认识我们身边的天然气

为 1 亿吨）。

若天然气在空气中浓度为 5％～15％，一旦遇到明火便会发生严重的爆炸，这个浓度范围是天然气的爆炸极限。爆炸在瞬间产生高压、高温，其破坏力和危险性都是很大的。

根据天然气的溶解性，又可以分为构造性天然气、水溶性天然气、煤矿天然气三种。而构造性天然气又可分为伴随原油出产的湿性天然气、与不含液体成分的干性天然气。

天然气主要存在于油田气、气田气、煤层气、泥火山气和生物生成气中，会有很少量的出于煤层。天然气又可分为伴生气和非伴生气两种。伴随原油而生成的，与原油同时被采出的油田气叫伴生气；非伴生气包括纯气田天然气和凝析气田天然气两种，在地层中都以气态存在。凝析气田天然气从地层流出井口后，由于受到压力和温度的下降的影响，分离为气液两种形态，气相是凝析气田天然气，液相是凝析液，叫凝析油。

与煤炭、石油等常见的能源相比，在燃烧过程中，天然气产生的对人体呼吸系统有害的物质非常的少，产生的二氧化碳量也仅为煤的 40％左右，同样二氧化硫含量也是非常少的。天然气燃烧后没有废渣、废水的产生，具因此相比以往的那些燃料，使用起来更安全、洁净环保，又加上天然气的热值高，所以时间也比其他的燃料用的短，无论在哪个方面都有很大的优势。但是，与煤炭、石油相同的是，燃烧天然气也会产生加速温室效应的温室气体。因此，这是不能把天然气当作新能源的原因。

◎化学成分

天然气的主要成分是甲烷（CH_4），甲烷是最短和最轻的烃分子，但在组成成分上它也会含有一些较重的烃分子，例如乙烷（C_2H_6）、丙烷（C_3H_8）和丁烷（C_4H_{10}），还有一些不定量的含有气体的硫黄，可以参见天然气冷凝物。

有机硫化物和硫化氢（H_2S）是较为常见的杂质，在绝大部分利用天然气的情况下都必须预先除去含硫杂质多的天然气，用英文的专业术语形容为"sour（酸的）"。

天然气本身是无色无味的，但是在送到最终用户之前，还要用硫醇来给天然气添加气味，这样做的目的是防止泄漏，在泄漏的时候能够感觉到。天然气不像一氧化碳那样具有毒性，它本质上是对人体无害的但是当空气中天然气的含量太大，导致空气中的氧气不足以维持生命的话，依然是可以置人于死地的，因为天然气是不能用于呼吸的。

虽然对人体基本没有什么危害，但是作为燃气，有时候也会发生因天然气爆炸而造成的伤亡情况出现。虽然天然气比空气轻而容易发散，但是当天然气在房屋或帐篷等封闭环境里聚集的情况下，在达到一定的比例时，就会发生威力巨大的爆炸，爆炸很可能会夷平整座房屋，甚至殃及邻近的建筑。甲烷在空气中的爆炸极限下限为 5％，上限为 15％。

天然气车辆发动机中利用的就是压缩天然气的爆炸，由于气体挥发的性质，在自发的条件下基本是不具备的，所以需要使用外力将天然气浓度维持在 5％～15％之间用来引发爆炸。

◎主要用途

天然气发电

天然气发电是很有前景的，它可以很好的缓解能源紧缺、降低燃煤发电比例，减少环境污染，是非常环保节省的办法，从长期的经济利益上来看，天然气发电的单位装机容量所需投资少，建设工期短，上网电价较低，竞争力还是不容小觑的。

天然气是制造氮肥的最佳原料，具有投资少、成本低、污染小等优点。天然气占氮肥生产原料的比重，世界平均为 80％左右。

在居民生活用燃料上，在这个世代，人们的环保意识和生活水平都有很明显的提高和增强，大部分城市对天然气的需求有很明显的增加。天然气作为民用燃料的经济效益也大于工业燃料。

> ▶知识窗
>
> 随着人们的环保意识提高，世界需求干净能源的呼声越来越高，各国政府也透过立法程序来传达这种趋势，天然气曾被视为最干净的能源之一，再加上 1990 年中东的波斯湾危机，加深美国及主要石油消耗国家研发替代能源的决心，因此，在还未发现真正的替代能源前，天然气需求量自然会增加。

│拓展思考│

1. 天然气是从地底下来的？
2. 天然气包括哪些气体？
3. 天然气对我们的生活有什么帮助？

天然气的开采

Tian Ran Qi De Kai Cai

与原油相同的是天然气也是埋藏在地下封闭的地质构造之中，有些和原油储藏在同一层位，有些则是单独存在的。对于和原油储藏在同一层位的天然气，会伴随原油一起开采出来。对于只有单相气存在的，我们将它们称为气藏，其开采方法既与原油的开采方法是大致相同的，但又有其特殊的地方。

因为天然气的密度小，为 0.75~0.8 千克/立方米，井筒气柱对井底的压力小；天然气黏度小，在地层和管道中受到的流动阻力也小；加之天然气的膨胀系数大，其弹性能量也很大。因此天然气开采时大多采用自喷方式。这和自喷采油方式是基本相同的。不过因为气井压力一般较高加上天然气属于易燃易爆气体，对采气井口装置的承压能

※天然气开采

力和密封性能比对采油井口装置的要求要高得多。

天然气开采有自身很独特的特点。首先天然气和原油一样与底水或边水常常是一个储藏体系。在天然气的开采过程中，水体的弹性能量会驱使水沿高渗透带窜入气藏。在这种情况下，由于受岩石本身的亲水性和毛细管压力的作用，水的侵入并不能有效地驱替气体，而是封闭缝缝洞洞或空隙中未排出的气体，最终形成死气区。这部分被圈闭在水浸带的高压气，数量可以高达岩石孔隙体积的 30%～50%，从而大大地降低了气藏的最终采收率。其次气井产水后，气流入井底的渗流阻力会增加，气液两相沿油井向上的管流总能量消耗将显著增大。受到水浸影响的日益加剧，气藏的采气速度开始下降，气井的自喷能力也随之减弱，单井产量迅速递减，一直到造成井底受到严重的积水而停止，直至井底严重积水而停产。目前治理气藏水患的基本措施包含两个方面，一是排水，二是堵水。堵水就是

采用机械卡堵、化学封堵等方法将产气层和产水层分隔开或是在油藏内建立阻水屏障。目前排水有比较多的方法，排水的主要原理是排除井筒积水，专业术语叫排水采气法。

小油管排水采气法主要是利用在一定的产气量下，油管直径越小，则气流速度越大，携液能力越强的原理，在油管直径合理的情况下，井底积水是很难形成的。这种方法具有局限性，主要适应于产水初期，地层压力高，产水量较少的气井。

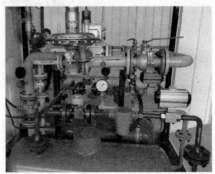

※压缩天然气减压站

泡沫排水采气方法就是将发泡剂通过油管或套管加入井中，发泡剂溶入井底积水与水作用形成气泡，这么做不但可以降低积液相对密度，更能同时将地层中产出的水随气流带出地面。这种方法比较适应于地层压力高，产水量相对较少的气井。

柱塞气举排水采气方法就是在油管内下入一个柱塞。下入时柱塞中的流道处于打开状态，柱塞在自身重力的作用再向下运动。当到达油管底部时柱塞中的流道自动关闭，由于作用在柱塞底部的压力大于作用在其顶部的压力，柱塞开始向上运动并将柱塞以上的积水排到地面。当其到达油管顶部时柱塞中的流道又被自动打开，又转为向下运动。通过柱塞的往复运动，积液就会被不断的排除。这种方法比较适用于地层压力比较充足，产水量又较大的气井。

深井泵排水采气方法是利用下入井中的深井泵、抽油杆和地面抽油机，通过油管抽水，套管采气的方式控制井底压力。这种方法适用于地层压力较低的气井，特别是产水气井的中后期开采，但是与其他方法相比，运行费用是相对较高的。

> ▶ 知识窗
>
> ### ·天然气勘测方法·
>
> 1. 地震仪的观测，测出由爆炸的电荷产生的震波，因而得知地表下岩石的结构。
>
> 2. 地质勘探，找寻特别的岩层（含油或天然气）的位置。
>
> 3. 地球重力的检查，以测量地心引力的改变，而测出石油或天然气的存在。

认识我们身边的天然气

| 拓展思考 |

1. 天然气是怎样被开采出来的？
2. 怎样勘测天然气？
3. 天然气是用什么来存放的？

天然气组成和分类

Tian Ran Qi Zu Cheng He Fen Lei

随着人们的生活水平和环保意识的增强和提高，天然气以其高效、环保、经济等优势在整个能源结构中逐步进入新兴时期，开发和利用天然气是当今世界能源发展的潮流指向。在世界能源结构中，天然气的贡献比例已从 1971 年的 16.1％上升到 2002 年的 21.2％，并继续保持向上增长趋势。

近几十年来伴着我国国民经济的蓬勃发展，在天然气资源的勘探与开发上都取得了丰硕成果，这对我国天然气行业的兴旺发展有着十分重要的作用。西气东输工程建成投产和输气规模更是一直在扩大，以及川气东送和西气东输二线工程的施工建设，更标志我国天然气工业踏进一个崭新的阶段。

天然气的本质是，在一定压力下蕴藏于地下岩层孔隙或裂缝中，由烃类和非烃类组成的混合气体。大部分的天然气的主要成分是烃类，此外还含有少量非烃类。

天然气中的烃类基本上是烷烃。通常以甲烷为主，还有乙烷、丙烷、丁烷、戊烷以及少量的己烷以上烃类（C^{6+}）。在 C^{6+} 中有时还含有极少量的环烷烃（如甲基环戊烷、环己烷）及芳香烃（如苯、甲苯）。天然气中的非烃类气体，一般为少量的氮气、氢气、氧气、二氧化碳、硫化氢、水蒸气以及微量的惰性气体如氦、氩、氖等。

当然，天然气的组成并不是一成不变的，不仅不同地区油、气藏中采出的天然气组成差别很大，甚至同一油、气藏的不同生产井采出的天然气组成也是会有所不同的。

除此之外，天然气中还可能含有以胶溶态粒子形态存在的沥青质，以及可能含有极微量的元素汞。

在这个世界上有很少数的天然气中会含有大量的非烃类气体，其主要成分甚至是非烃类气体。例如，我国河北省赵兰庄、加拿大艾伯塔省 Bearbbrry 及美国南得克萨斯气田的天然气中，硫化氢含量均高达 90％以上。我国广东沙头圩气田天然气中二氧化碳含量高达 99.6％。美国北达

14

科他州内松气田天然气中氮含量高达 97.4％，亚利桑那州平塔丘气田天然气中氦含量高达 98％。

目前还没有统一的分类天然气的方法，各个国家都有自己不同的分类方法。常见的分法如下。

（一）按产状分类

可分为游离气和溶解气。游离气即气藏气，溶解气即油溶气和气溶气、固态水合物气以及致密岩石中的气等。

（二）按经济价值分类

可分为常规天然气和非常规天然气这两种。常规天然气指在目前的经济条件和所掌握的技术来说可以进行工业开采的天然气，主要指伴生气（也称油田气、油藏气）和气藏气（也称气田气、气层气）。非常规天然气指煤层气、水溶气、致密岩石中的气及固态水合物气等。其中，除煤层气外，其他非常规天然气由于受目前技术经济条件的限制还没有投入到工业开采之中。

（三）按来源分类

可分为与油有关的气（包括伴生气、气顶气）和与煤有关的气（煤层气）；天然沼气，即指由微生物作用产生的气；深源气，即指来自地幔挥发性物质的气；化合物气，即指地球形成时残留地壳中的气，如深海海底的固态水合物气就是这样的气。

（四）按烃类组成分类

按烃类组成分类可分为干气和湿气、贫气和富气这三种。对于由气井井口采出的，或由油气田矿场分离器分出的天然气而言，其划分方法为：

1. 干气

在储层中天然气呈气态，采出后一般在地面设备和管线的温度、压力下不析出液烃（凝析油）的天然气。按 C5 界定法是指每立方米（立方米指 20℃，101325 千帕状态下体积，下同）气中 C^{5+} 以上液烃含量按液态计小于 135 立方厘米的天然气。

2. 湿气

在储层中呈气态，采出后一般在地面设备和管线中温度、压力下有液烃析出的天然气。按 C5 界定法是指每立方米气中 C^{5+} 以上烃液含量按液态计大于 135 立方厘米的天然气。

3. 贫气

每立方米气中丙烷及以上烃类（C^{3+}）含量按液态计小于 100 立方厘米的天然气。

4. 富气

每立方米气中丙烷及以上烃类（C^{3+}）含量按液态计大于 100 立方厘米的天然气。

一般情况下，人们还习惯将脱水（脱除水蒸气）前的天然气称为湿气，脱水后水露点降低的天然气称为干气；将回收天然气凝液前的天然气称为富气，回收天然气凝液后的天然气称为贫气。此外，也有人将干气与贫气、湿气与富气相提并论。由此可见，它们之间的划分并不是十分严格的。书中所说的贫气与干气、富气与湿气的区别也并不是很严格。

（五）按矿藏特点分类

1. 气藏气

整个开采过程中，储集层流体均呈为气态，但是由于组成成分不同，采到地面后在分离器或管线中则可能有少量液烃析出。

2. 凝析气藏气（凝析气）

储集层流体在原始状态下呈气态，随着开采到一定阶段时，随储集层压力下降，流体状态进入露点线内的反凝析区，部分烃类在储层及井筒中呈液态（凝析油）析出。

3. 油田伴生气（油田气、伴生气）

在储集层中是与原油共存的，在采油过程中与原油同时被采出，经油气分离后得到天然气。

（六）按硫化氢、二氧化碳含量分类

1. 净气（甜气）指天然气中 H_2S 和 CO_2 等含量甚微或不含有，不需脱除即可符合管输要求或达到商品气质量指标的天然气。

2. 酸气指天然气中 H_2S 和 CO_2 等含量超过有关质量指标或要求，需经脱除才能符合管输要求或成为商品气的天然气。

▶知 识 窗

据统计，2007 年世界天然气产量为 28565×10^8 立方米。我国近年来天然气产量年均增幅在 18% 左右，2007 年达 688×10^8 立方米，在世界各国天然气产量排名中一举跻身前十，位居第 9 位。

| 拓展思考 |

1. 天然气分为几类？
2. 天然气怎样划分种类？
3. 我们平常用的天然气是什么种类的天然气？

液化天然气生产和使用的必要性

Ye Hua Tian Ran Qi Sheng Chan He Shi Yong De Bi Yao Xing

天 然气是埋藏在地下的古生物经过亿万年的高温和高压等作用而形成的一种可燃性气体，是一种无色无味无毒、热值高、燃烧稳定、洁净环保的优质能源。天然气其主要成分为甲烷，热值为 8500KJ/m 是一种主要由甲烷组成的气态化石燃料。它主要存在于油田和天然气田之中，也有少量出于煤层。

液化天然气与天然气有一下几个优点：

① 便于储存和运输

液化天然气密度是标准状态下甲烷的 625 倍。也就是说，1 立方米液化天然气可气化成 625 立方米天然气，从这些数据就可以看到液体天然气的优越性。

※液化天然气船

②安全性好

天然气目前的储藏和运输主要方式是压缩（CNG）。但是由于压缩天然气的压力高，为安全带来了很大的隐患。

③间接投资少

压缩天然气（CNG）体积能量密度约为汽油的 26％，而液化天然气（LNG）体积能量密度约为汽油的 72％，是压缩天然气（CNG）的两倍还多，因而使用 LNG 的汽车行程远，相对可大大减少汽车加气站的建设数量，有利于经济的发展。

④调峰作用

天然气作为民用燃气或发电厂的燃料，量的波动是一件必不可少的事情，这就要求供应上具有调峰作用。

⑤环保性

天然气在液化前必须经过非常严格的预净化，因而 LNG 中的杂质含量远远低于 CNG，为汽车尾气或作为燃料使用时排放满足更加严格的标准（如"欧Ⅱ"甚至"欧Ⅲ"）创造了条件。

当非化石的有机物质经过厌氧腐烂时，通常会产生富含甲烷的气体，这种气体就被称作生物气（沼气）。生物气的来源地包括森林和草地间的沼泽、垃圾填埋场、下水道中的淤泥、粪肥，由细菌的厌氧分解而产生。生物气还包括胃肠胀气（例如：屁），胃肠气最通常来自于牛羊等家畜。

在燃烧这一方面，天然气在燃烧时所产生的二氧化碳要比煤这类石炭纪燃料产生的二氧化碳要低得多。甲烷的重要生物形式来源于白蚁、反刍动物（如牛羊）和人类对土地的耕种。据估计，这三者的散发量分别为每年 15、75 和 100 百万吨（年散发总量约为 1 亿吨）。

▶知识窗

纯天然气含：CH_4（98%），C_3H_8（0.3%），$C4Hm$（0.3%），$CmHn$（0.4%），N_2（13%），低发热值为（36220 千卡/立方米）。

拓展思考

1. 天然气可以制成液体的？

2. 天然气的生产是怎样的？

3. 液化天然气为什么有很重要的生产和使用必要？

天然气的性质

Tian Ran Qi De Xing Zhi

1. 天然气是一种易燃易爆气体，经过和空气的充分混合后，温度只要达到 550℃就燃烧。在空气中，天然气的浓度只要达到 5%～15%就会爆炸。

2. 天然气无色，密度比空气的小，不溶于水。1 立方米气田天然气的重量只有同体积空气的 55%左右，1 立方米油田伴生气的重量，只有同体积空气的 75%左右。

3. 甲烷是天然气的主要成分，天然气本身不具有毒性，但如果含较多硫化氢，则会对人产生毒害作用。一旦出现天然气燃烧不完全的情况出现，便会产生一氧化碳等有毒气体。但空气中的甲烷含量达到 10%以上时，人就会因氧气不足而出现呼吸困难，眩晕虚弱，失去知觉，昏迷的症状，严重者甚至死亡。

4. 天然气有比较高的热值，1 立方米天然气燃烧后发出的热量是同体积的人工煤气（如焦炉煤气）的两倍多，即 356～419 兆焦/立方米（约合 8500～10000 千卡/立方米）。

5. 天然气具有可液化的特性，液化后其体积将缩小为气态的六百分之一。每立方米天然气完全燃烧需要大约 10 立方米空气助燃。

6. 一般油田伴生气略带汽油味，含有硫化氢的天然气是略带臭鸡蛋味。

天然气中如含有一定量的硫化氢时，也具有毒性。硫化氢是一种具有强烈臭鸡蛋味的无色气味，当空气中的硫化氢浓度达到 0.31 毫克/升时，人的眼、口、鼻就会受到强烈的刺激而造成流泪、怕光、头痛、呕吐；当空气中的硫化氢含量达到 154 毫克/升时，人就会死亡。因此，国家规定：对供应城市民用的天然气，每立方米中硫化氢含量要控制在 20 毫克以下。

在当今世界有很多人都在使用天然气，那么天然气究竟是什么？所谓天然气是指自然界中天然存在的一切气体，天然气包括大气圈、水圈、生物圈和岩石圈中各种自然过程形成的气体。我们应对天然气的性质有一个确切的认识，才能更好地应用天然气，更好的用天然气服务到我们的生活中去。

与煤炭、石油等能源相比的优点在于，天然气在燃烧过程中产生的对人类呼吸系统健康有影响的物质极少，产生的二氧化碳仅为煤的 40% 左右，产生的二氧化硫也是很少。天然气的性质是比较特殊的，天然气燃烧后无废渣、废水产生，具有使用安全、热值高、洁净等优势。

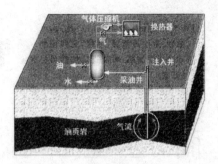

※关于天然气的示意图

天然气蕴藏在地下多孔隙岩层中，主要成分为甲烷，天然气的性质：比重约 0.65，比空气轻，具有无色、无味、无毒之特性。天然气公司皆遵照政府规定添加臭剂（四氢噻吩），天然气在空气中含量达到一定程度后仍然会对人产生威胁，严重的会使人窒息。所以对于天然气知识的普及是必不可少的。

▶ 知 识 窗

天然气伴随原油共生，与原油同时被采出的油田气叫伴生气，非伴生气包括纯气田天然气和凝析气田天然气两种，在地层中都以气态存在。凝析气田天然气从地层流出井口后，随着压力和温度的下降，分离为气液两相，气相是凝析气田天然气，液相是凝析液，称为凝析油。天然气的性质通过对天然气的进一步了解才能更好地掌握和应用。

||拓展思考||

1. 天然气的性质是怎样的？

2. 天然气有毒吗？

3. 如果天然气中毒应该怎么办？

商用天然气的质量要求

Shang Yong Tian Ran Qi De Zhi Liang Yao Qiu

商品天然气的质量要求不是通过他的组成成分来决定的，而是根据经济效益、安全卫生和环境保护三方面的因素综合考虑制定的。不同国家，甚至同一国家不同地区、不同用途的商品天然气质量要求都是各不一样的，因此，用一个标准来统一是不科学的。此外，由于商品天然气多通过管道输往用户，又加上用户的要求不同，对气体的质量要求更是不一样。通常，商品天然气的质量要求主要有以下几项。

（一）热值（发热量）

目前天然气的主要用途是作为工业和民用燃料。因此，热值是对包括天然气在内燃气（即气体燃料）的一项重要质量要求，可分为高热值（高位发热量）与低热值（低位发热量），单位为千卡/立方米或千卡/千克，亦可为兆焦/立方米或兆焦/千克。不同种类的燃料气，它们所具有的热差值也是非常大的。常用燃料低热值见表1和表2所示。

表1　常用固体、液体燃料的低热值（概略值）

燃料	标准煤	烟煤	无烟煤	焦炭	重油	汽油	柴油	煤油
热值/ （千卡/千克）	29260	25080～ 27170	20900～ 25080	25080～ 28400	41800	43890	42600	43050

表2　常用气体燃料的低热值（概略值）

燃气	液化石油气/ （MJ／kg）	天然气/ （MJ／m³）	裂化油制气/ （MJ／m³）	炼焦煤气/ （MJ／m³）	混合人工气/ （MJ／m³）	矿井气/ （MJ／m³）
热值	419	356	189	176	147	134

燃气热值也是用户正确选用燃烧设备或燃具时所必须考虑的一项重要质量要求。

认识我们身边的天然气

沃泊（Wobb）指数（也称华白数）是代表燃气特性的一个参数。它的定义为：

$$W = H / \sqrt{d\ (1-1)}$$

式中：W——沃泊（Wobb）指数，或称热负荷指数；

　　　H——燃气热值，千卡/立方米，各国习惯不同，有的取高热值，有的取低热值，我国取高热值；

　　　d——燃气相对密度（设空气的 d=1）。

假设两种燃气的热值和相对密度是完全不同的，但只要它们的沃泊指数相等，就可以在同一燃气压力下和同一燃具或燃烧设备上获得同一热负荷。意思也就是，沃泊指数是燃气互换性的一个判定指数。只要两种燃气的沃泊指数相同，则此燃气对另一种燃气就具有互换性。各国一般规定，在两种燃气互换时沃泊指数的允许变化率不大于±（5%～10%）。在两种燃气互换时，热负荷除与沃泊指数有关外，还与燃气黏度等性质有关，由于这些影响并不是很大，所以在工程上这种影响往往是忽略不计的。

从这些我们可以知道，在具有多种气源的城镇中，由燃气热值和相对密度所确定的沃泊指数，对于燃气经营管理部门及用户的意义是十分重大的。

在一些国家的商品天然气质量指标中，都对其热值有一定要求。例如在北美各国，一般要求商品天然气的热值不低于 345～373 兆焦/立方米。

（二）烃露点

烃露点的要求是用来防止在输气或配气管道中有液烃析出。析出的液烃聚集在管道低洼处，对管道流通截面有减少的作用。只要管道中不析出游离液烃，或游离液烃不滞留在管道中，烃露点要求就不是特别的严格。烃露点一般根据各国具体情况而定，有些国家规定了在一定压力下允许的天然气最高烃露点。

（三）水露点

此项要求是用来防止在输气或配气管道中有液态水（游离水）析出。液态水的存在会加速天然气中酸性组分（H_2S、CO_2）对钢材的腐蚀，还会形成固态天然气水合物，堵塞管道和设备。除此之外，液态水聚集在管道低洼处，这会减少管道的流通截面。冬季受冷水会结冰，也会堵塞管道和设备。

一般来讲，各个国家都会根据具体的国情来定制水露点的。在我国，对商品天然气要求在天然气交接点的压力和温度条件下，天然气的水露点应比最低环境温度低5℃，也有一些国家是规定天然气中的水含量。水露点通常简称为露点。

(四) 硫含量

此项要求主要是用来控制天然气中硫化物的腐蚀性和对大气的污染，常用 H_2S 含量和总硫含量表示。

天然气中硫化物分为无机硫和有机硫。无机硫指硫化氢（H_2S），有机硫指二硫化碳（CS_2）、硫化碳（COS）、硫醇（CH_3SH、C_2H_5SH）、噻吩（C_4H_4S）、硫醚（CH_3SCH_3）等。天然气中的大部分硫化物为无机硫。

硫化氢及其燃烧产物二氧化硫，均具有强烈的刺鼻气味，对眼黏膜和呼吸道有损坏作用。硫化氢的阈限值为15毫克/立方米，安全临界浓度为30毫克/立方米，危险临界浓度为150毫克/立方米。二氧化硫的阈限值为54毫克/立方米。

硫化氢又是一种活性腐蚀剂。在高压、高温以及有液态水存在时，腐蚀作用会比以往更加的剧烈。硫化氢燃烧后生成二氧化硫和水，也会造成对燃具或燃烧设备的腐蚀。因此，一般要求天然气中的硫化氢含量不高于6～20毫克/立方米。除此之外，对天然气中的总硫含量也有一定要求，一般要求小于460毫克/立方米或更低。

(五) 二氧化碳含量

二氧化碳也是天然气中的酸性组分，在有液态水存在时，所生成的碳酸对管道和设备也或产生腐蚀性。尤其当硫化氢、二氧化碳与水同时存在时，对钢材的腐蚀更加严重。此外，二氧化碳还是天然气中的不可燃组分。因此，鉴于二氧化碳的不可燃组分，一些国家规定了天然气中二氧化碳的含量不高于2%～3%（体积分数）。

(六) 机械杂质 (固体颗粒)

在我国国家标准《天然气》（GB17820—1999）中虽未规定商品天然气中机械杂质的具体指标，但明确指出"天然气中固体颗粒含量应不影响

认识我们身边的天然气

天然气的输送和利用"，这与国际标准化组织天然气技术委员会（ISO/TC193）1998 年发布的《天然气质量指标》（ISO13686）是一致的。应该说明的是，固体颗粒指标不仅应规定其含量，其粒径也应该标明。因此，中国石油天然气集团公司的企业标准《天然气长输管道气质要求》（Q/SY30—2002）对固体颗粒的粒径明确规定应小于 $5\mu m$，俄罗斯国家标准（ГОСТ5542）则规定固体颗粒≤1 毫克／立方米。

（七）其他

还有氧含量等。从我国西南油气田分公司天然气研究院十多年来对国内各油气田所产天然气的分析数据看，发下井口天然气中不含氧。但四川、大庆等地区的用户均曾发现商品天然气中含有氧（在短期内），有时其含量还超过 2%（体积分数）。这些氧的来源是什么，至今还美弄清楚，据估计是在集输、处理等过程中混入天然气中的。由于氧会与天然气形成爆炸性气体混合物，而且在输配系统中氧也可能氧化天然气中的加臭剂（如硫醇）而形成腐蚀性更强的产物，故无论从安全或防腐的角度，对此问题都应高非常重视，并且要及时的展开调查研究。

国外对天然气中氧含量有规定的国家并不是很多，例如德国的商品天然气标准规定氧含量不超过 1%（体积分数，下同），俄罗斯国家标准（ГОСТ5542）也规定不超过 1%，但全俄行业标准 ГОСТ5140 则规定在温暖地区应不超过 0.5%。我国石油天然气股份有限公司企业标准《天然气长输管道气质要求》（Q/SY30—2002）则规定输气管道中天然气中的氧含量应小于 0.5%。

另外，北美国家的商品天然气质量要求中有的还规定了最高输气温度和最高输气压力等指标。

国标标准化组织于 1998 年发布了一份关于天然气质量标准指导性准则——《天然气质量指标》（ISO13686—1998），它列出了管输天然气质量应当考虑的指标、计量单位和相应的实验方法，但并未作出定量规定。表3 给出了国外的一些商品天然气的部分质量指标，表4 则是我国 1999 年公布的《天然气》国家标准中有关商品天然气的质量指标。

表3 国外商品天然气的部分质量指标

国家	H_2S/ (毫克/立方米)	总硫/ (毫克/立方米)	CO_2/%	水露点/ 摄氏度/兆帕	高热值/ (兆焦/立方米)
英国	5	50	20	夏 44/69 冬−94/69	3884～4285
荷兰	5	120	15～20	−8/70	3517
法国	7	150	—	−5/操作压力	3767～4604
德国	5	120	—	地温/操作压力	302～472
意大利	2	100	15	−10/60	—
比利时	5	150	20	−8/69	4019～4438
奥地利	6	100	15	−7/40	
加拿大	6	23	20①	64 毫克/立方米	365
	23	115		−10/操作压力	36
美国	57	229	30	110 毫克/立方米	436～443
俄罗斯	70	160	—	夏−3/（−10） 冬−5（−20）	325～361
保加利亚	20	100	70	−5/40	325～361
前南斯拉夫	20	100	70	夏 7/40 冬−11/40	325～361

①硫醇；

②系 CO_2+N_2；

③括号外为温带地区，括号内为寒冷地区。

表4 我国商品天然气质量指标 (GB17820—1999)

项目	一类	二类	三类	试验方法
高位发热量/(兆焦耳/立方米)	>314			GB/T11062
总硫(以硫计)/(毫克/立方米)	≤100	≤200	≤460	GB/Tl1062
硫化氢/(毫米/立方米)	≤6	≤20	≤460	GB/T110601
二氧化碳/%(伏/伏)	≤30		—	GB/T13610
水露点/摄氏度	在天然气交接点的压力和温度 条件下,天然气的水露点应比最低 环境温度低5℃			GB/T17283

注：1. 本标准中气体体积的标准参比条件是 101325 千帕，20℃。

2. 本标准实施之前建立的天然气输送管道，在天然气交接点的压力和温度条件下，天然气中应无游离水。无游离水是指天然气经机械分离设备分不出游离水。

在国外，随着天然气在能源结构中的比重上升以及输气压力增加和输送距离增加，对天然气的质量指标或要求也会更加严格。

在实际情况中，商品天然气的质量指标应从经济效益的提高为标准，在满足国家关于安全卫生和环境保护等标准的前提下，由供需双方按照需要和可能，在签订供气合同或协议时具体协商确定。

▶知识窗

　　如果只是为了符合管道输送要求，则经过处理后的天然气称为管输天然气，简称管输气或管道气。我国对管输天然气的质量要求是：

①进入输气管道的气体必须清除其中的机械杂质。

②水露点应比输送条件下最低环境温度低 5℃。

③烃露点应低于最低环境温度。

④气体中的硫化氢含量不应大于 20 毫克/立方米。

如输送不符合上述质量要求的气体，则必须采取相应的保护措施。

| 拓展思考 |

1. 我们平常用的天然气是商用天然气吗？

2. 商用天然气有什么样的质量标准？

3. 如果商用天然气的质量不达标会造成怎样的影响？

天然气的危害性

Tian Ran Qi De Wei Hai Xing

硫化氢是一种有毒气体，经黏膜吸收后对中枢神经系统和呼吸系统的危害非常的大，亦可对心脏等多处器官造成损害。

对其毒害作用最敏感的组织是脑和黏膜接触部位。

短期内吸入高浓度硫化氢后出现流泪、眼痛、眼内异物感、畏光、视物模糊、流涕、咽喉部灼热感、咳嗽、胸闷、头痛、头晕、乏力、意识模糊等。

部分患者可有心肌损害，重者可出现脑水肿、肺水肿。

极高浓度（1000毫克/立方米以上）时可在数秒钟内突然昏迷，呼吸和心搏骤停，发生猝死。

高浓度接触眼结膜发生水肿和角膜溃疡。

长期低浓度接触，会引起神经衰弱综合征和植物神经功能紊乱等症状。

天然气中如果含有较多的硫化氢，一旦吸入体内，对身体的危害很大，甚至可能导致死亡。

我们使用的天然气，高发热量9650千卡/标方，低发热量8740千卡/标方，爆炸极限是：5%～15%。我们所说的天然气可能泄漏的区域是指从调压站到锅炉（包括锅炉）之间的天然气管线、阀表、配件等。其中调压站至风机间为地埋管线，风机间至锅炉为架空明管线。

天然气爆炸的一瞬间，（数千分之一秒）生产高温（达3000℃）、高压的燃烧过程，爆炸波速可达300米/秒，会产生极大的破坏力。

天然气泄漏一旦遇到明火、静电、闪电或操作不当均会引发发生爆炸、火灾，在密闭空间会使人缺氧、窒息，甚至死亡，给单位安全生产和国家及人民生命财产带来无法估计的损失。

(1)切断气源。立即关闭燃具开关，灶前阀门及燃气表前阀门。

(2)勿动电器，杜绝明火。严禁触动任何室内电器开关，因为打开和关闭任何电器（如电灯、电扇、排风扇，抽油烟机、空调、电闸、有线与无线电话、门铃、冰箱等），都可能产生微小电火花，导致爆炸。

28

(3)疏散人员。迅速疏散家人、邻居、阻止无关人员靠近。

(4)打开门窗，让空气流通，散发燃气。

(5)电话报警。选择较为安全的地方，如在未发生燃气泄漏的地方，如在室外向燃气公司客服中心报险。

切断气源，"断气即断火"，应立即关闭灶前阀门及表前总阀门，就可以灭火。如

※天然气爆炸

果火势较大，灶前阀门附近有火焰，可用一把干粉从上向下用力打火焰的根部或用湿毛巾、湿衣物包手，尽量关闭阀门，尽力灭火。用灭火器、干粉灭火剂、湿棉被等扑打火焰根部灭火；疏散人员；电话报警，在没有燃气泄漏的地方，如室外拨打燃气公司客户服务中心电话报修。如火势无法控制，请在疏散人员后，迅速离开现场，拨打火警"119"。

知识窗

·安全小贴士·

　　天然气的危害一定要认清。当空气中的天然气浓度达到一定标准后遇明火就会爆炸，非常的危险，一定要查清泄漏的原因，马上修好（找专业的人员维修），经常呼吸比较少量的天然气也会造成各种呼吸道疾病，所以如果因为工作的需要不得不长时间接触天然的话，千万要注意戴口罩。

拓展思考

1. 天然气的危害有哪些？

2. 怎样防止天然气爆炸？

3. 如是发生天然气泄漏该怎样做？

天然气主要分布

Tian Ran Qi Zhu Yao Fen Bu

中国天然气探明储量集中在 10 个大型盆地，依次为：渤海湾、四川、松辽、准噶尔、莺歌海－琼东南、柴达木、吐－哈、塔里木、渤海、鄂尔多斯。中国气田以中小型为主，大多数气田的地质构造都是较为复杂的，具有很大的勘探开发难度。1991－1995 年间，中国天然气产量从 16073 亿立方米增加到 17947 亿立方米，平均年增长速度为 233％。

※天然气水合物的分布图

中国天然气资源量区域主要分布在中国的中西盆地。同时中国还具有主要富集于华北地区很深厚的很有远景的煤层气资源。

经过十几年的艰苦勘探，终于发现了许多重要的成果。它表明在中国 960 万平方千米的土地和 300 多万平方千米的管辖海域下，含量巨大的天然气资源便蕴藏在这里。

据专家估测，我国资源总量可达 40～60 多万亿立方米，是一个天然气资源大国。勘探领域广阔，隐藏着潜力，很有发展前途，未来的发展前景不可估量。

近几年，祖国的东南西北中天然气勘探喜讯频传，初步为我们描绘出了 21 世纪天然气发展的轮廓。

东，就是东海盆地。那里已经喷射出天然气的曙光。

南，就是莺歌海－琼东南及云贵地区。那里也已展现出天然气大气区的雄姿。

西，就是新疆的塔里木盆地、吐哈盆地、准噶尔盆地和青海的柴达木盆地。在那古丝绸之路的西端，石油、天然气会战的鼓声越擂越响。它们不但将成为中国石油战略接替的重要地区，而且天然气之火也已熊熊燃起，燎原之势不可阻挡。

北，就是东北华北的广大地区。在那里的大油田、老油田数量众多，它们在未来高科技的推动下，不但或保持油气的稳定增产，更有可能攀登新的高峰。

中，就是鄂尔多斯盆地和四川盆地。鄂尔多斯盆地的天然气勘探战场越扩越大，探明储量年年剧增，开发工程正在展开。四川盆地是中国天然气生产的主力地区，最近又有新的发现，大的突破，天然气的发展将进入一个全新的阶段，再上一个新台阶。

从北到南，从东到西，从陆地到海洋，天然气的希望之火冲天旺，天然气大国之梦将在希望之火中化成美丽七彩的火凤凰。

随着科技的进一步的发展，在未来的世界里人类肯定会找到比天然气更为理想的能源。但不管将来谁取代天然气，天然气将起到向新能源迈进的无法估量的重要的桥梁作用。

▶ 知 识 窗

中国沉积岩分布十分广泛，陆相盆地多，形成优越的多种天然气储藏的地质条件。根据 1993 年全国天然气远景资源量的预测，中国天然气总资源量达 38 万亿立方米，陆上天然气主要分布在中部和西部地区，分别占陆上资源量的 43.2% 和 39.0%。中国天然气资源的层系分布以新生界第 3 系和古生界地层为主，在总资源量中，新生界占 37.3%，中生界 11.1%，上古生界 25.5%，下古生界 26.1%。天然气资源的成因类型是，高成熟的裂解气和煤层气占主导地位，分别占总资源量的 28.3% 和 20.6%，油田伴生气占 18.8%，煤层吸附气占 27.6%，生物气占 4.7%。

| 拓展思考 |

1. 天然气主要都分布在什么地方？
2. 我国天然气的分布范围广吗？
3. 天然气主要分布在海里还是陆地上？

第一章 天然气的基本知识
TIANRANQIDEJIBENZHISHI

天然气与煤气的区别

Tian Ran Qi Yu Mei Qi De Qu Bie

◎煤气的基本特性

煤气的主要成分是 CO、氢和烷烃、烯烃、芳烃等。煤气有毒是因为其中的 CO、芳烃等能与人体中的血红蛋白结合，致使人体内缺氧，使人昏迷不醒甚至死亡，即便浓度不高也会引起人头晕、恶心及虚脱的状况发生。

因来源的不同，煤气就有了有不同的名称：把煤干馏而得的气体称为焦炉煤气；把煤（或焦炭）在不完全条件下燃烧可得到发生炉煤气；若高温的炭与水蒸气作用，能得到水煤气；炼铁高炉排出的气体中还有相当多的可燃成分，称为高炉煤气。发生炉煤气和高炉煤气主要是一氧化碳；焦炉煤气则富含氢气、甲烷，还有一氧化碳；水煤气主要是一氧化碳和氢气。北京煤制管道气的热值是 4000 千卡/立方米。

天然气是一种多组分的混合气体，主要成分为烷烃，烷烃的主要成分是甲烷，另有少量的乙烷、丙烷和丁烷，此外一般还含有硫化氢、二氧化碳、氮和水汽，以及微量的惰性气体，如氦和氩等。在标准状况下，甲烷至丁烷是以气体的状态而存在的，戊烷以下为液体。天然气系古生物遗骸长期沉积地下，经过长时间的自然转化及变质裂解而产生之气态碳氢化合物，具可燃性，多在油田开采原油时伴随而出或纯天然气气田。

◎煤气制备

天然煤气通常是指通过钻井从地层中开采出来的，如天然气、煤层气。人工煤气则是利用固体或液体含碳燃料受热分解或汽化后所获得的气体，常见有焦炉煤气、高炉煤气、发生炉煤气、油煤气等。

◎应用

目前各种工业炉的加热燃料主要应用的大多是混合煤气。除此之外，尚有用蒸气和空气一起吹风所得的"半水煤气"。可作为燃料，或用作合成氨、合成石油、有机合成、氢气制造等的原料。天然气是一种环保高效的重要的能源，目前已经被广泛的用作城市煤气和工业燃料；在 20 世纪 70 年代世界能源消耗中，天然气约占 18%～19%。天然气同样是非常重要的化工燃料。

天然气是指从气田开采得到的含甲烷等烷烃的气体，根据天然气中甲烷和其他烷烃的含量不同，天然气可以分为两种：一种是含甲烷多的称为干天然气（干气），通常含甲烷 80%～99%（体积），个别气田的甲烷含量可高达 998%。另一种是除含甲烷以外，还含有较多的乙烷、丙烷、丁烷的气体，称为湿天然气（湿气），或称多油天然气。天然气热值 9227 千卡/立方米。

城镇居民所用的燃气大致分为液化石油气（Y）、人工煤气（R）、天然气（T）三大类。

液化石油气（简称液化气）是石油在提炼汽油、煤油、柴油、重油等油品过程中剩下的一种石油尾气，通过一定程序，对石油尾气加以回收利用，采取加压的措施，使其变成液体，装在受压容器内，液化气的名称即由此而来。它的主要成分有乙烯、乙烷、丙烯、丙烷和丁烷等，在气瓶内呈液态状，一旦流出会汽化成比原体积大约二百五十倍的可燃气体，并可以迅速扩散，一旦到明火就会燃烧甚至爆炸。因此在使用液化气时一定要特别注意安全。

煤气是用煤或焦炭等固体原料，经干馏或汽化制得的，其主要成分有一氧化碳、甲烷和氢等。因此，煤气是有毒的，一旦逸散在空中，很容易与空气形成非常厉害的爆炸性混合物，因此在使用时应引起高度注意。天然气广义指埋藏于地层中自然形成的气体的总称。但我们通常所说的天然气只指贮存于地层较深部的一种富含碳氢化合物的可燃气体，而与石油共生的天然气则称之为油田伴生气。天然气由亿万年前的有机物质转化而来，主要成分是甲烷，此外根据不同的地质形成条件，尚含有不同数量的乙烷、丙烷、丁烷、戊烷、己烷等低碳烷烃以及二氧化碳、氮气、氢气、硫化物等非烃类物质；有的气田中还含有氦气。

天然气每立方燃烧热值为 8000～8500 千卡。

每千克液化气燃烧热值为 11000 千卡。气态液化气的比重为 25 千克/立方米。每立方液化气燃烧热值为 25200 千卡。有这些直观的数字就可以看出 1 立方液化气燃烧热值是天然气的 3 倍，但还有报道说液化气热值是天然气的 7 倍。

每瓶液化气重 145 千克，总计燃烧热值 159500 千卡，相当于 20 立方天然气的燃烧热值。

◎煤气中毒

家庭中煤气中毒的实质主要是指一氧化碳中毒、液化石油气、管道煤气、天然气中毒，前者一般在冬天用煤炉取暖较常发生，加上门窗紧闭，造成排烟不良时，后者常见于液化灶具漏泄或煤气管道漏泄等。煤气与人体中的血红蛋白很容易结合。煤气中毒时病人最初感觉为头痛、头昏、恶心、呕吐、软弱无力，当他意识到中毒时，常挣扎下床开门、开窗，但一般仅有少数人能打开门，大部分病人迅速发生抽筋、昏迷，两颊、前胸皮肤及口唇呈樱桃红色，如救治不及时，甚至会因为呼吸困难而死亡。煤气中毒依其吸入空气中所含一氧化碳的浓度、中毒时间的长短来看，当居室内一氧化碳体积达 0.06% 时，人会感到头晕、头痛、恶心、呕吐、四肢乏力等症；超过 0.1% 时，只要吸入半小时，人即会昏睡，进入昏迷状态；达到 0.4% 时，只要吸入 1 小时就可置人于死亡。

常分三型：

1. 轻型

中毒时间短，血液中碳氧血红蛋白为 10%～20%。表现为中毒的早期症状，头痛眩晕、心悸、恶心、呕吐、四肢无力，有时甚至出现短暂的昏厥现象，一般大脑还是清醒的，在吸入新鲜空气，脱离中毒环境后，不适的症状也会迅速消失，一般不留后遗症。

2. 中型

中毒时间稍长，血液中碳氧血红蛋白占 30%～40%，在轻型症状的基础上，可出现虚脱或昏迷。皮肤和黏膜呈现煤气中毒特有的樱桃红色。如抢救及时，可迅速清醒，数天内完全恢复，一般无后遗症状。

3. 重型

发现时间过晚，吸入煤气过多，或在短时间内吸入高浓度的一氧化碳，血液碳氧血红蛋白浓度常在 50% 以上，病人呈现深度昏迷，各种反射消失，大小便失禁，四肢厥冷，血压下降，呼吸急促，造成死亡。一般昏迷时间越长，后果越严重，常留有痴呆、记忆力和理解力减退、肢体瘫痪等后遗症。

◎治疗措施

（1）立即打开门窗，是屋内的残留煤气流散开，移病人于通风良好、空气新鲜的地方，要注意保暖。找到煤气泄露的所在，排除隐患。

（2）将病人松解衣扣，保持呼吸道通畅，清除口鼻分泌物，如发现呼吸骤停，应立即进行口对口人工呼吸，并做心脏体外按摩。

（3）立即进行针刺治疗，取穴为太阳、列缺、人中、少商、十宣、合谷、涌泉、足三里等穴位。轻、中度中毒者，针刺后就会逐渐苏醒。

（4）立即给氧，有条件应立即转医院高压氧舱室作高压氧治疗，尤适用于中、重型煤气中毒患者，不仅可使病者苏醒，同时可以有效地减少后遗症。

（5）立即静脉注射 50％葡萄糖液 50 毫升，加维生素 C500～1000 毫克。轻、中型病人可连用两天，每天 1～2 次，不仅能补充能量，而且还有减轻脱水的功效，早期应用可预防或减轻脑水肿。

（6）昏迷者按昏迷病人的情况进行处理。

◎中毒后处理

①坚持早晨到公园或在阳台进行深呼吸运动扩胸运动、太极拳，每天30 分钟左右，轻、中型中毒者应连续晨练 7～14 天；重型中毒者可根据后遗症情况，连续晨练 3～6 个月，作五禽戏、铁布衫功、八段锦等。

②继续服用金维他每天 1～2 丸，连服 7～14 天，或维生素 C 0.1～0.2 克，每天 3 次，亦可适量服用维生素 B1、B6、复合维生素 B 等。

③检查煤气使用情况，以防再次中毒。

◎扩展煤气中毒的防范措施

近年来，煤气中毒事件越来越多，煤炭燃烧后所产生的一氧化碳气体是致人死亡的罪魁祸首（无色无味有毒，分子式 CO，分子量 28，是有机物氧化或燃烧后的中间产物）。如何预防煤气中毒，是政府管理者的头等大事。冬季来临时，政府部门都要动用大量的人力和财力进行大规模的宣传教育，不断地督促人们学习如何防范煤气中毒的一般常识。虽然烟囱的畅通和煤具的质量能够确保一氧化碳的及时排放，但却不能保证万一出现的煤气中毒事件。人命关天，尽管如此地作出了大量的宣传工作，但每年的煤气中毒事故仍时有发生。

煤气，主要成分是氧化碳气体，无色无味。煤气中毒的原理是：一氧化碳记忆与人体中的血红蛋白结合，并形成碳氧血红蛋白，破坏了血红蛋白丧失携带氧分子的能力，进而造成生物细胞组织的窒息和产生毒素作用，尤其是对大脑皮质细胞的影响最为严重，当人们感觉到不适的时候，中毒已经是比较深了。人体煤气中毒往往表现为头晕恶心，四肢无力，手脚不听使唤。因为支配人体运行的大脑神经系统最先受到伤害，由于四肢无力，使人不能实现自救，所以煤气中毒者的生命安全存在着极大的威胁。

燃煤取暖的弊端关键是屋内空间并没有很好的空气流通设施或者是风斗的排气量并不能将一氧化碳全部尽快地排放。因为人的大脑在缺氧5分钟左右的情况就会危及生命，所以室内一氧化碳的排放速度应当设计在最佳标准值，以确保室内一氧化碳气体的总体含量小于5％的标准数值或更小。这一参数到底该如何确定，主要是室内空气在短时间内的流通速度和对取暖炉具的正规操作，不仅可以保证冬季室内的温度，同时也能尽快地将一氧化碳排除，这是最为重要的问题。

在我国经济不断发展的今天以及人口的大量流动的前提下，目前，政府还不能全部的解决流动人口和经济欠发达以及边远地区群众的集中取暖方式。那些居住在城乡结合部以及边远贫困地区的群众依然在冬季采取一些廉价的燃煤方法取暖。由于人们对一氧化碳所带来的危害没有一个很明确的了解，对取暖炉具使用问题了解的并不深入，以及对燃烧物中的硫化物和碳化物对金属的腐蚀作用一知半解，才会导致炉具和烟囱内部金属表面化学反应物的大量沉淀堵塞而产生煤气中毒。我们应该知道，煤烟颗粒与金属化学沉淀物会堵塞烟道，致使燃煤产生的一氧化碳有毒气体不能及时的排出而聚集在室内，最终导致煤气中毒事件，这也是造成人们一氧化碳中毒的主要原因。

根据人们的懒惰习惯，为了冬季燃煤取暖避免煤气中毒，我们指出了一条最佳的防范措施。实验证明，我们尽可能的采取设置空气对流的最简易和最安全的通风方法，设定气体的排气量在每分钟0.5立方米左右的速度循环。也就是我们上述中所说的在室内最佳的部位安装空气对流孔，构成风斗排气与进气孔进气形成空气的快速循环流通，以确保室内一氧化碳的最低含量和高浓度的氧气含量。这种方法的提出，也是根据近年来随着我国城市化的不断深入，以及城市周边人口的大量聚集和边远地区冬季的

认识我们身边的天然气

燃煤取暖而屡屡发生的一氧化碳中毒现象。不论怎样说，室内的空气对流速度决定着一氧化碳的中毒概率。室内空气对流孔的大小会有一部分的限制作用，根据往年的经验和室内空气对流速度，风斗排气孔的面积应当设计在 400 平方厘米以上，进气孔一般设计在 100 平方厘米左右。使下层的新鲜空气与室内的污浊空气和一氧化碳形成快速的流动，既保证了冬季室内的最佳居住温度，同时也减小了煤气中毒的概率，或者可确保煤气中毒的现象不再发生。

天然气蕴藏在地下多孔隙岩层中，主要成分为甲烷，比重约 0.65，比空气轻，具有无色、无味、无毒之特性。天然气公司皆遵照政府规定添加臭剂（四氢噻吩），用来避免面泄漏事故的发生。如果空气里有一定浓度的天然气的话，会使人窒息。

若天然气在空气中浓度为 5％～15％的范围内，一旦遇到明火就会被引爆，这个浓度范围就是天然气的爆炸极限。爆炸在瞬间产生高压、高温，具有非常大的破坏性，也是十分危险的。

就发生事故的概率而言，使用天然气要比使用煤气要少很多。关于天然气中毒的具体情况我们在上文中已经详细讲述。

▶ 知 识 窗 ┄┄┄┄┄┄┄┄┄┄┄┄┄┄┄┄┄┄┄┄┄┄┄┄┄┄┄┄┄┄┄┄

煤气是由多种可燃成分组成时一种气体燃料。煤气的种类繁多，成分也很复杂，一般可分为天然煤气和人工煤气两大类。天然煤气是通过钻井从地层中开采出来的，如天然气、煤层气。人工煤气则是利用固体或液体含碳燃料热分解或气化后获得的，常见有焦炉煤气、高炉煤气、发生炉煤气、油煤气等。

━━━━━━━━━━━━━━━━┤拓展思考┠━━━━━━━━━━━━━━━━

1. 煤气是如何形成的？
2. 煤气的经济价值如何？

天然气的生成条件

Tian Ran Qi De Sheng Cheng Tiao Jian

天然气作为石油的伴侣，虽然在组成上都是以碳氢化合物为主要成分的，但天然气的生成条件要比石油更为多样化。就生成阶段来说，石油要达到一定深度才能大量生成，而天然气从浅到深都能生成；就物质来源来说，生成石油主要以水中浮游的动植物或称腐泥型有机质为主，而生成天然气，除此以外还可以有高等植物或称腐殖型的有机质；就成因来说，有有机成因的，也有无机成因的，这种多样化的成气条件为我们提供了更为广阔的找气领域。根据天然气的形成条件，大致可以分为四种类型：

生物气：在尚未固结成岩石的现代沉积淤泥中，有机质在细菌的作用下，可生成以甲烷为主的天然气，俗称沼气。

早期成岩气：沉积物中的有机质在其埋藏深度尚未达到生成石油深度以前，一部分腐殖型的有机质即可开始生成甲烷气。

油型气：有机质进入生成石油深度以后，除大量地生成石油外，同时也伴随着生成天然气。随着埋藏深度的不断增加，生成的天然气也逐渐增加，而生成的石油却逐渐减少，直到生成的全部都是干气，即甲烷气时，就停止了生油。

煤型气：含有煤层的沉积岩层叫做煤系地层，煤型气就是指煤系地层在时间和温度的作用下生成的天然气，其主要成分也是甲烷。从找油来说，煤型气不是勘探对象，但从寻找可燃气体为能源来说，煤型气也不应忽视，因为使用的手段、方法和形成气藏的地质条件大体都和找油、找油型气一样。

▶知 识 窗

　　近年发现的鄂尔多斯大气田，就可能是属于煤型气。无机成因的天然气——由火成岩或地热所产生的气体，如二氧化碳、甲烷、硫化氢等。

|拓展思考|

1. 天然气的形成需要的条件是什么？
2. 天然气主要分为几种类型？

天

然气与石油对比

第二章

　　天然气与石油相比，有非常多的优点，为什么有石油的地方就有天然气？天然气是较为安全的燃气之一，它不含一氧化碳，重量也比空气轻，一旦泄漏，立即会向上扩散，不易积聚形成爆炸性气体，安全性较高。天然气的高峰期持续时间较长，非常规天然气的出现和大发展必将支撑天然气继续快速发展，最终超过石油，成为世界第一大消费能源。

石油的简述

Shi You De Jian Shu

◎简介

石油的性质因产地而异，密度为 0.8～10 克/立方厘米;，黏度范围很宽，凝固点差别很大（30℃～60℃），沸点范围为常温到 500℃以上，可溶于多种有机溶剂，不溶于水，但可与水形成乳状液。不过不同的油田的石油的成分和外貌可以区分很大。石油主要被用作燃油和汽油，燃料油和汽油组成目前世界上最重要的一次能源之一。石油也是许多化学工业产品如溶剂、化肥、杀虫剂和塑料等的原料。今天 88％开采的石油被用作燃料，其他的 12％作为化工业的原料。由于石油是一种不可更新原料，许多人担心石油用尽会对人类带来不好的后果。

◎颜色

原油的颜色非常丰富，有红、金黄、墨绿、黑、褐红、甚至透明；原油的颜色是它本身所含胶质、沥青质的含量所决定的，含的越高颜色越深。我国四川黄瓜山和华北大港油田有的井产无色石油，克拉玛依石油呈褐至黑色，大庆、胜利、玉门石油均为黑色。无色石油在美国加利福尼亚、苏联巴库、罗马尼亚和印尼的苏门答腊均有产出。无色石油的形成，可能同运移过程中，带色的胶质和沥青质被岩石吸附有关。但是不同程度的深色石油占绝对多数，几乎遍布于世界各大含油气盆地。

◎主要成分

原油的成分主要有：油质（这是其主要成分）、胶质（一种黏性的半固体物质）、沥青质（暗褐色或黑色脆性固体物质）、碳质（一种非碳氢化合物）。石油是由碳氢化合物为主混合而成的，具有特殊气味的、有色的可燃性油质液体；天然气是以气态的碳氢化合物为主的各种气体组成的，具有特殊气味的、无色的易燃性混合气体。在整个的石油系统中分工也是比较细的：构成石油的化学物质，用蒸馏能分解。原油作为加工的产品，有煤油、苯、汽油、石蜡、沥青等。严格地说，石油以氢与碳构成的烃类为主要成分，分子量最小的 4 种烃，全都是煤气。

◎分布地区

原油的分布从总体上来看极端不平衡：从东西半球来看约 3/4 的石油资源集中于东半球，西半球占 1/4；从南北半球看，石油资源主要集中于北半球；从纬度分布看，主要集中在北纬 20°～40°和 50°～70°两个纬度带内。波斯湾及墨西哥湾两大油区和北非油田均处于北纬 20°～40°内，该带集中了 51.3%的世界石油储量；50°～70°纬度带内有著名的北海油田、俄罗斯伏尔加及西伯利亚油田和阿拉斯加湾油区。约 80%可以开采的石油储藏位于中东，其中 62.5%位于沙特阿拉伯（12.5%）、阿拉伯联合酋长国、伊拉克、卡塔尔和科威特。

◎石油的生成条件

要使沉积物中的有机质能够保存下来，需要有特定的地质条件。大家都知道"水往低处流"的道理。泥沙和有机质是在水的携带下，在一个低洼的地区沉积下来。因此首要的地质条件就是要有一个低洼的地形。这种低洼地形，根据它的规模大小，分别称为盆地、拗陷、凹陷、洼槽等，并在各个地质历史时期中是不断变化的。若随着地壳的运动继续下沉，它就能继续保持低洼的地形，可以继续接受沉积物，使地层厚度不断增大；若随着地壳运动上升，则低洼幅度就逐渐变小，接受沉积物就少，使沉积的地层厚度变薄；如果升到水面以上，则失去了低洼的形态，不但不接受沉积物了，反而使早先沉积的东西会被风化剥蚀掉。由此可见，不断下沉的盆地或拗陷对有机质的聚集才是有利的。

这里提到了两个因素，一个是地层沉积，另一个是盆地下沉。它们在进行过程中都有一个快慢问题，前者叫"沉积速度"，这与沉积物来源的充足与否有关系；后者叫"沉降速度"，这与地壳运动的强弱有关系。二者要有恰当的配合是最为理想的。如果沉积速度小于沉降速度，就会使洼地内水体的深度相对增大，使有机质的下沉到底的距离加长。

这样沉积物受水中氧的作用时间也就长了，对有机质会起到破坏作用。如果沉积速度大于沉降速度，则洼地的水体会变浅，甚至干枯成为陆地，使有机质暴露在大气中受氧的作用，以致遭到更大的破坏。因此，有利于有机质保存的另一个地质条件，就是两种速度要大体相当，即沉降多少，沉积物就补充多少。这被称为"补偿性的沉积速度"。

要生成石油还有一个必须具备的地质条件，就是缺氧的"还原环境"。这就是要求接受沉积物后的洼地水体能保持封闭或半封闭，或富含有机质的沉积物能迅速被后来的沉积物所覆盖，使之与氧隔绝，防止有机质的氧化和逸散。

现代的生油理论还认为，生物体中的有机质先要转化成一种特殊的有机质，这种特殊有机质叫做"干酪根"，再由干酪根转化成石油。这种转化要在一定的物理化学条件下才能实现，这个条件主要是地下温度。干酪根开始变成石油的温度范围大致是 100℃～130℃，因为地下温度从浅到深是逐渐升高的，早先的沉积物不断被后来的沉积物所覆盖，埋藏也就越来越深，有机质只有在达到一定的埋藏深度时才能转化成石油。

除了温度的因素以外，还与埋藏的时间长短有关，温度和时间两个因素可以互补。也就是说如果温度低一些但埋藏时间较长，或者温度高一些但埋藏时间较短，两种情况对干酪根转化成油的影响效果都是一样的。

可见，生成石油的地质条件是综合性的，它既需要在沉积过程中保持"补偿沉积速度"的条件，又需要使得沉积物能具有缺氧的"还原环境"，还需要有相应的地层温度（即要有一定的地层埋藏深度）的作用等多方面因素的配合，才能有效地生成石油。

▶知 识 窗

开采石油的第一关是勘探油田。今天的石油地质学家使用重力仪、磁力仪等仪器来寻找新的石油储藏。

| 拓展思考 |

1. 石油的利用方式有哪些？
2. 石油的形成需要什么样的条件？

海洋石油污染形成原因

Hai Yang Shi You Wu Ran Xing Cheng Yuan Yin

石油的原料是生物的尸体，生物的细胞含有脂肪和油脂，脂肪和油脂则是由碳、氢、氧等元素组成的。生物遗体沉降于海底或湖底并被淤泥覆盖之后，氧元素分离，碳和氢则组成碳氢化合物。

海洋石油污染绝大部分来自人类活动，其中以船舶运输、海上油气开采，以及沿岸工业排污为主，由于石油产地与消费地分布不均，因此，世界年产石油的一半以上是通过油船在海上运输的，这就给占地球表面71％的海洋带来了油污染的威胁，特别是油轮相撞、海洋油田泄漏等突发性石油污染，更是给人类造成难以估量的损失。

多达几十万吨的溢油，一旦进入海洋将形成大片油膜，这层油膜将大气与海水隔开，减弱了海面的风浪，妨碍空气中的氧溶解到海水中，使水中的氧减少，同时有相当部分的原油，将被海洋微生物消化分解成无机物，或者由海水中的氧进行氧化分解，这样，海水中的氧被大量消耗，使鱼类和其他生物难以生存。

对比石油

Dui Bi Shi You

石 油、天然气在元素组成、结构形式以及生成的原始材料和时序等方面，联系很紧密，有其共性、亲缘性，也有其特性、差异性。

就化学组成上来看，天然气分子量小（小于 20），结构简单，H/C 原子比高（$4 \sim 5$），碳同位素的分馏作用显著。石油的分子量大（$75 \sim 275$），结构也比天然气更为复杂，碳氢原子比相对低（$14 \sim 22$），碳同位素的分馏作用没有天然气的强。

在物理性质方面，天然气基本是只含有极少量液态烃和水的单一气相；石油则可包容气、液、固三相而以液相为表

※石油

征的混合物。天然气密度比石油小得多，既易压缩，又易膨胀。在标准条件下，天然气黏度仅 $n \times 10^{-2} \sim 10^{-3}$ 兆帕斯卡，而石油粘度为 $n \sim n \times 10^{-3}$ 兆帕斯卡，相差几个数量级。相比石油来说，天然气的扩散能力和在水中的溶解度均比较高。

在生成的条件方面，天然气比石油宽。天然气既可以有有机质形成，又可以有深成无机形成；沉积环境以湖沼型为主；生气母质以腐殖型干酪根为主，生成的温度区间较宽，在浅部低温下便开始生成生物气；在中等深度（温度多数在 $65℃ \sim 90℃$）范围内，发生的有机质热降解作用而大量生成石油的"液态窗"阶段，在此种条件下，生物气也可以形成；在深部高温条件下有机质裂解则又主要是生成天然气。

由于天然气具有本身独特的一些特性，因而在理论研究、资源评价以及勘探技术方法和开采方式上与石油也是存在不同的，需要发展一些具有

认识我们身边的天然气

针对性的工作方法和技术系列，以适应今后将不断扩大的天然气资源开发的需要。

知 识 窗

　　天然气对储集层的要求也比石油要宽，一般岩石的孔隙度为 $10\%\sim15\%$，渗透率在 $1\times10^{-3}\sim5\times10^{-3}$ 平方微米也可成藏。

　　由于天然气较为活泼，则对盖层的要求比石油严格得多。因此，天然气分布的领域要比石油广，产出的类型、贮集的形式也比石油多样，既有与石油聚集形式相似的常规天然气藏，如构造、地层、岩性气藏等，又可形成煤层气、水封气、汽水化合物以及致密砂岩、页岩气等非常规的天然气藏。

　　煤层不仅是生气源岩同时还是储集体的煤层气藏已成为很现实的类型。

拓展思考

1. 石油和天然气相比哪个优点更多？
2. 天然气本身具有哪些特性？
3. 天然气的分布比石油的广吗？

为什么有石油的地方就有天然气

Wei Shen Me You Shi You De Di Fang Jiu You Tian Ran Qi

海底石油和天然气是一对"孪生兄弟",它们多栖身在海洋中的"大陆架"和"大陆坡"底下。

在几千万年甚至上亿年以前,在某些时期气候比现在温暖湿润,在海湾和河口地区,在海水中有非常充足的阳光和氧气,又加上随江河流入湖内,给湖中带来了丰富的养料和有机质,为生物的繁衍生息提供了丰富的"食粮",使许多海洋生物(如鱼类以及其他浮游生物、软体动物)迅速大量地繁殖。据计算,全世界海洋海平面以下

※蕴藏石油的海底

100米厚的水层中的浮游生物,其遗体一年便可产生 600 亿吨的有机碳,这些有机碳就是生成海底石油和天然气的"原料"。

但是仅有这些生物遗体对于形成石油和天然气来说是远远不够的,还需要一定的条件和过程。海洋每年接受 1604 亿吨沉积物,尤其是在河口区,每年带入海洋的泥沙比其他地区更多。这样,年复一年地把大量生物遗体一层一层掩埋起来。如果这个地区处在不断下沉之中,堆积的沉积物和掩埋的生物遗体就会越来越厚。被埋藏的生物遗体逐渐与空气隔绝,由于所处的环境缺氧,又加上受到厚厚岩层的压力、温度的升高和细菌的共同作用,便开始慢慢分解,经过漫长的地质时期,这些生物遗体就逐渐变成了分散的石油和天然气。

分散在砂岩中的石油不具有被开发的价值,那些油气富集的地方才具有开采价值。

浅海的地层常常是砂层、页岩、石灰岩等构成的,这些都叫沉积岩。

沉积岩本来应当成层地平铺在海底,但由于受到地壳变动的影响,使它们逐渐弯曲、变斜或断开了。

向上弯的叫背斜，向下弯的叫向斜。有的像馒头一样的隆起，称为穹隆背斜。在有些含有油气的沉积岩层，由于受到巨大压力而发生变形，石油都跑到背斜里去了，逐渐形成富集区。

　　所以背斜构造往往是储藏石油的"仓库"，在石油地质学上叫"储油构造"。通常，由于天然气密度最小，处在背斜构造的顶部，石油处在中间，下部则是水。想要找到煤气资源就要先找到这样的地方。

▶ 知识窗

　　生成的油气还需要有储集它们的地层和避免它们逸散的盖层。由于受到上面地层的压力，分散的油滴被挤到四周多孔隙的岩层中。这些藏有油的岩层就成为储油地层。有的岩层孔隙很小，石油"挤"不进去，不能储积石油。但是，正因为它们孔隙很小，却是不让石油逃逸的"保护壳"。如果这样的岩层处在储油层的顶部和底部，它们就会把石油封闭在里面，成为保护石油的盖层。

│拓展思考│

　　1. 是不是有石油的地方就会有天然气？
　　2. 天然气和石油在同一个地方存在吗？

应用领域

Ying Yong Ling Yu

◎民用燃料

天然气价格经济、高热值、安全性能、环保节能，是民用燃气的首选燃料。

◎工业燃料

以天然气代替煤，用于工厂采暖，生产锅炉以及热电厂燃气轮机锅炉。

※天然气

※燃气轮机锅炉

认识我们身边的天然气

◎工艺生产

如烤漆生产线，烟叶烘干、沥青加热保温等。

◎化工原料

如以天然气中甲烷为原料生产氰化钠、黄血盐钾、赤血盐钾等。

压缩天然气汽车的应用可以很好的解决由于汽车排放的尾气而造成的污染问题。

※氰化钠

◎增效天然气

是以天然气为主要原料，经过气液混合器与天然气增益剂混合后形成的一种新型工业燃气，燃烧温度能提高 400℃～600℃，可用于工业切割、焊接、烤校，可完全取代乙炔、丙烷，可广泛应用于钢厂、钢构、造船行业，在船舱内也可以安全的使用，现市面上的产品有神麒 I 增益剂、神麒 II 增益剂。

▶知识窗

　　天然气作为一种环保高效节能的化石能源，其开发利用越来越受到世界各国的重视。全球范围来看，天然气资源量要比石油多很多，发展天然气具有足够的资源保障。预计 2030 年前天然气将在一次能源消费中与煤和石油并驾齐驱。天然气的高峰期持续时间较长，非常规天然气的出现和大发展必将促进天然气继续快速发展，最终超过石油，成为世界第一大消费能源。

|拓展思考|

1. 天然气都在哪个领域被应用？
2. 天然气是否具有很高的投资价值？
3. 天然气的应用会超越石油吗？

主要优点

Zhu Yao You Dian

作为比较安全的燃气之一，天然气不含一氧化碳，重量也比空气轻，一旦泄漏，立即会向上扩散，积聚形成爆炸性气体的可能性并不是很大，具有较高的安全性。采用天然气作为能源，可减少煤和石油的用量，对于环境污染问题的改善有着非常积极的作用；作为一种新型的节能环保的清洁能源，使用天然气可以减少二氧化硫和粉尘排放量近100％，使二氧化碳排放量和氮氧化物排放量分别减少60％和50％；对于减少酸雨的形成也是很有积极作用的，更能舒缓地球温室效应，从问题根本上改善我们所生活的环境质量。

其优点有：

1. 绿色环保：高能的天然气是一种洁净环保的优质能源，几乎不含硫、粉尘和其他有害物质，燃烧时产生二氧化碳少于其他化石燃料，可以很好的减缓温室效应，因而能从根本上改善环境质量。

2. 经济实惠：天然气与人工煤气相比，同比热值价格相当，加上天然气清洁环保，能延长灶具的使用寿命，同时也有利于用户减少维修费用的支出，与其他燃气比起来具有经济的价格。天然气是洁净燃气，供应稳定，能够改善空气质量，因而能为该地区经济发展提供新的动力，带动经济的繁荣发展也能很好的改善环境。

3. 安全可靠：天然气无毒、易散发，比重轻于空气，积聚成爆炸性气体的可能性不大，是较为安全的燃气。

4. 改善生活：随着家庭使用安全、可靠的天然气，将会极大改善家居环境，提高生活质量。

天然气是一种无色、无味、无毒且无腐蚀性的可燃气体。主要成分为甲烷，也包括一定量的乙烷、丙烷和重质碳氢化合物。还有少量的氮气、氧气、二氧化碳和硫化物。另外，在天然气管线中还发现有水分。甲烷的分子结构是由一个碳原子和四个氢原子组成，燃烧产物主要是二氧化碳和水。与其他化石燃料相比，天然气燃烧时仅排放少量的二氧化碳粉尘和极微量的一氧化碳、碳氢化合物、氮氧化物，因此，天然气是一种清洁的能源。

同其他所有燃料一样，天然气的燃烧需要消耗大量氧气。如果居民用户在使用灶具或热水器时不注意通风，室内的氧气会大量减少，造成天然气的不完全燃烧。不完全燃烧的后果就是产生有毒的一氧化碳气体，当一氧化碳浓度达到一定程度时会使人出现中毒现象，轻者头晕、呕吐，重者会导致死亡。所以人们在使用天然气（包括煤气、液化石油气）的过程中一定要注意通风，及时补充新鲜空气。同时使燃烧所产生的一氧化碳、二氧化碳等废气及时排到室外。除了通风以外人们在使用天然气的过程中还要注意一些其他问题：

1. 在长时间不使用灶具、热水器时应将其前端燃气管道的阀门关闭。

2. 连接灶具的软管，应在灶面下自然下垂，且保持 10 厘米以上的距离，以免被火烤焦，酿成事故。

3. 当灶具、热水器燃气通路为橡胶管连接时应注意检查橡胶管是否有松动、脱落、裂纹等现象，如有裂纹及时更换，最好两年左右定期更换一次。

4. 天然气在向用户输送的过程中要加入加臭剂，用于检漏。所以当用户感觉到有异味时，说明可能有漏气现象；或者定期用肥皂水检查天然气设备接头、开关、软管等部位，如发现有气泡冒出，说明有漏气现象。此时不要人为启动任何电器设备，应及时打开门窗，关闭燃气总阀，检查漏气点，如果自己解决不了，应尽快找燃气服务部门解决。

5. 在煮汤或烧水时，容器不要装得太满，也不能无人守候，以免火被溢出的汤、水浇灭而产生漏气现象。

6. 人们在炖菜或煲汤时，有些人喜欢把火苗开得很小，这样也容易引发漏气或者不完全燃烧。所以，燃气灶在使用中，火不能开得过小。

7. 不要在安装天然气设备的房间内，再使用煤炉、液化气或其他炉具。

8. 天然气灶具周围不要堆放易燃物品，单元入口总截门处及天然气表周围不要放遮挡物。

※用天然气烧水

此外天然气用具的安装一定要由生产厂家或当地燃气行业主管部门指定的有安装资质的单位进行安装，特别是燃气热水器。

知 识 窗

天然气耗氧情况计算：

1 立方米天然气（纯度按 100％计算）完全燃烧约需 20 立方米氧气，大约需要 10 立方米的空气。

拓展思考

1. 天然气的主要优点是什么？
2. 为什么居民喜欢用天然气做饭？

生活燃气

Sheng Huo Ran Qi

人们生活中的燃烧气源大致分为液化石油气（Y）、人工煤气（R）、天然气（T）三大类。

液化石油气（简称液化气）是石油在提炼汽油、煤油、柴油、重油等油品过程中剩下的一种石油尾气，经过一系列程序，对石油尾气进行回收利用，采取加压的措施，使其变成液体，装在受压容器内，液化气的名称便是根据这个而得来的。它的主要成分有乙烯、乙烷、丙烯、丙烷和丁烷等，在气瓶

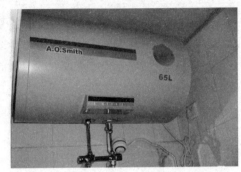

※天然气热水器

内呈液态状，一旦流出会汽化成比原体积大约二百五十倍的可燃气体，并极易扩散在空气中，遇到明火就会发生燃烧或剧烈的爆炸。因此在使用液化气要特别注意安全问题。

煤气通常是用煤或焦炭等固体原料，经过干馏或汽化制得的，其主要成分为一氧化碳、甲烷和氢等。因此煤气有毒，容易在空气里形成爆炸性混合物，使用时应引起高度注意，要有安全防范意识。

天然气广义是指埋藏于地层中自然形成的气体的总称。但通常所称的天然气只指贮存于地层较深部的一种富含碳氢化合物的可燃气体，而与石油共生的天然气常称为油田伴生气。天然气是由亿万年前的有机物质转化而来，甲烷是天然气的主要成分，此外根据不同的地质形成的条件，尚含有不同数量的乙烷、丙烷、丁烷、戊烷、己烷等低碳烷烃以及二氧化碳、氮气、氢气、硫化物等非烃类物质，有的气田中还含有氦气。天然气是目前发现的燃气中非常节能环保并且高效的新型燃料，广泛用作城市煤气和工业燃料；在70年代世界能源消耗中，天然气约占18％～19％。天然气也是非常重要的化工原料。

▶知识窗

天然气每立方燃烧热值为 8000～8500 千卡。

每千克液化气燃烧热值为 11000 千卡。气态液化气的比重为 25 千克/立方米。每立方液化气燃烧热值为 25200 千卡。这样可看出一立方液化气燃烧热值是天然气的三倍，但还有报道说液化气热值是天然气的 7 倍。

每瓶液化气重 145 千克，总计燃烧热值 159500 千卡，相当于 20 立方天然气的燃烧热值。

|拓展思考|

1. 我们生活中的主要燃气都有什么？

2. 在生活燃气中哪种燃气被选择的更多？

天

TIANRANQIDEGUANDAOFAZHAN

第三章

然气的管道发展

　　将天然气（包括油田生产的伴生气）从开采地或处理厂输送到城市配气中心或工业企业用户的管道，又称输气管道。利用天然气管道输送天然气，是陆地上大量输送天然气的唯一方式。在世界管道总长中，天然气管道约占一半。

输气管道概念

Shu Qi Guan Dao Gai Nian

中国是最早用木竹管输送天然气的国家。1600 年前后，四川省自流井气田不但在平地敷设管道，而且"高者登山，低者入地"，"于河底掘沟置笕，凿石为槽覆其上"。中国现代天然气运输管道，多集中在天然气主要产地四川省。

1963 年建成了第一条巴渝输气管道，管径为 426 毫米，全长 547 千米。到 1983 年已建成从川东经重庆、泸州、威远至成都、德阳等地，沟通全省的输气管道网，管径 426～720 毫米，全长 2200 多千米，设有集配气站 178 座，年输量 50～60 亿立方米。

※天然气管道

世界输气管道也经历了与中国相似的发展过程。在 18 世纪以前，输气管道也使用木竹管。18 世纪后期开始采用铸铁管，19 世纪 90 年代开始使用钢管。输气动力开始全靠天然气井口压力，1880 年，美国采用蒸汽驱动的压气机。20 世纪二三十年代采用了双燃料发动机驱动的压气机给管内天然气加压，输气压力从原来 58836 帕上升到 27440～41160 帕。输送距离便越加越长。因此变形生了规模巨大的管网系统。在 60 年代初期的时候，在天然气进出口国之间，相继建成了许多跨国管道，如由苏联经原捷克和斯洛伐克、奥地利、德国的 1780 千米的输气管道；由奥地利到意大利的长 774 千米的管道；由阿尔及利亚经突尼斯、地中海和突尼斯海峡到意大利的全长 2500 千米的管道等。到 1983 年，世界输气管道总长达到 9134 万千米。长距离输气管道普遍采用压气机增压输送。输气管道在管材选用、提高输送效率、实现全线自动化等方面的技术也有了迅速的发展。管材广泛采用 X—60 低合金钢（度极限 41160 帕），并开始采用 X—65、X—70 等更高强度的材料。

56

为降低管道内的摩擦阻力，426毫米以上的新钢管已普遍采用内涂层。除此之外还开展了不同物性的气体在同一管道中顺序输送，以及−70℃低温、75 460帕高压的气态和液态天然气管道输送试验。

将天然气（包括油田生产的伴生气）从开采地或处理厂输送到城市配气中心或工业企业用户的管道，又称输气管道。利用天然气管道输送天然气，是陆地上大量输送天然气的唯一方式。在世界管道总长中，天然气管道约占一半。

※蜿蜒的天然气管道

◎沿革

中国是最早用木竹管道输送天然气的国家。木竹管作为特殊的运输工具是沿用秦汉时期（公元前200余年）输送卤水的竹木笕而发展起来的。

据史料记载，公元前61年中国就在鸿门（今陕西省临潼东北）、临邛（今四川省邛崃县）等地已有火井（天然气井）。西晋张华《博物志》有"盆盖井上，煮盐得盐"的记载；东晋常璩《华阳国志》有"以竹筒盛其光，藏之曳行，终日不灭"的记载。明宋应星《天工开物》（1637年）对于用竹管输气作为燃料有详细的描述："长竹剖开，去节，合缝，漆布，一头插入井底，其上曲接，以口紧对釜脐。"清范声山《花笑庼杂记》（1844年）记载管道输气的情况说："一井口接数十竹者，并每竹中间复横嵌竹以接之。"可见输气的竹管已发展到多管输送和纵横衔接的分输的程度。输送距离也从"周围砌灶"（《川盐记要》）的就地取材使用发展到"以竹筒引之百步千步"（《富顺县志》）的长度。公元1600年前后，四川省自流井气田不但在平地敷设管道，而且"高者登山，低者入地"，输卤水的"渡水之枧，则于河底掘沟置笕，凿石为槽覆其上，又用敞盐锅镇之，以防水涨冲激"，并有"凌空构木若长虹……纵横穿插，逾山渡水"等记载，说明当时管道地面建设的技术发展已达到一定水平。由于木竹管道制作简单，又能耐腐蚀而且就地取材十分方便，因而从古代直到中华人民共和国成立以前，在中国浅气层低压天然气集输中起过巨大作用。

世界输气管道也经历了与中国大致相同的发展过程。18世纪以前管道也是竹木管。直到18世纪后期才开始用铸铁管，19世纪90年代开始逐渐采用钢管。输气动力开始基本上是全靠天然气井口的压力，1880年后才用蒸汽驱动的压气机。20世纪二三十年代采用了双燃料发动机驱动的压气机给天然气加压，输气压力从而由6千克力/平方厘米上升到28～42千克力/平方厘米厘米，输送距离也愈来愈长。随着现代科学和工程技术的进一步的发展，以及世界对天然气需求量的日渐增加，促使管道朝着大口径、高压力的方向稳步发展，出现了规模巨大的管网系统。如苏联的中亚细亚－中央区输气管道系统，由4条输气管道组成，全长94000多千米，年输量650亿立方米；加拿大的管网系统年输量达300亿立方米。60年代开始，在天然气进出口国之间，相继建造了许多跨国管道，到1977年共有20多个国家建有跨国管道。如由苏联经捷克斯洛伐克、奥地利、民主德国到联邦德国的1780千米的输气管道；由奥地利到意大利长774千米的管道；70年代末期施工的由阿尔及利亚经突尼斯、地中海和突尼斯海峡到意大利的全长2500千米的管道等。1974年全世界约有74万千米输气管道，其中美国为42.3万千米，苏联为9万千米，欧洲经济共同体为8.4万千米。到1983年，世界输气管道总长增加到9134万千米。长距离输气管道普遍采用压气机增压输送。1977年全世界约有2700座管道压气站投入运行，总装机功率为2200万千瓦。到1983年则增加到3053万千瓦。输气管道在管材选用、提高输送效率、实现全线自动化等方面的技术也在迅速发展中。管材广泛采用X－60低合金钢（强度极限42千克力/平方厘米），并开始采用X－65、X－70等更高强度的材料。为降低管道内的摩擦阻力，426毫米以上的新钢管已普遍采用内涂层。除此之外还开展了不同物性的气体在同一管道中顺序输送，以及−70℃低温、77千克力/平方厘米高压的气态和液态天然气管道输送试验。天然气管道输送系统由管道输气站和线路系统两部分组成。线路系统包括管道、沿线阀室、穿跨越建筑物（见管道穿越工程和管道跨越工程）、阴极保护站（见管道防腐）、管道通信系统、调度和自动监控系统（见管道监控）等。

根据用途输气管道可分为集气管道、输气管道、配气管道等三种。

1. 集气管道：从气田井口装置经集气站到气体处理厂或起点压气站的管道，主要用于收集从地层中开采出来未经处理的天然气。由于气井内有很高的压力，一般集气管道压力约在100千克力/平方厘米以上，管径为50～150毫米。

2. 输气管道：从气源的气体处理厂或起点压气站到各大城市的配气中心、大型用户或储气库的管道，以及气源之间相互连通的管道，输送经过处理符合管道输送质量标准的天然气（见管道输气工艺），是整个输气系统的主体部分。输气管道的管径比集气管道和配气管道管径大，目前最大的输气管道管径为 1420 毫米。天然气依靠起点压气站和沿线压气站加压输送，输气压力为 70～80 千克力/平方厘米，管道全长可达数千千米。

3. 配气管道：从城市调压计量站到用户支线的管道，压力低、分支多，管网稠密，管径小，除大量使用钢管外，低压配气管道也可以用塑料管或其他材质的管道。

知识窗

中国的现代天然气管道工业，多集中在天然气的主要产地四川省。1963 年建成了第一条巴渝输气管道，管径为 426 毫米，全长 547 千米。到 1983 年已建成从川东经重庆、泸州、威远至成都、德阳等地，沟通全省的输气管网，管径 426～720 毫米，全长 2200 多千米，设有集配气站 178 座，年输量 50～60 亿立方米。此外在大庆、胜利、华北等油田，建有向石油化工厂输送伴生气的管道。

拓展思考

1. 天然气管道有什么样的作用？
2. 输气管道有何优点？
3. 输气管道对我们的生活有什么样的意义？

输气管道结构和特点

Shu Qi Guan Dao Jie Gou He Te Dian

输气管道是由单根管子逐根连接组装而成的。现代的集气管道和输气管道是由钢管经电焊连接而成。钢管有无缝管、螺旋缝管、直缝管多种，无缝管适用于管径为 529 毫米以下的管道，螺旋缝管和直缝管适用于大口径管道。集输管道的管子横断面结构，复杂的为内涂层－钢管－外绝缘层－保温（保冷）层；简单的则只有钢管和外绝缘层，而内壁涂层及保温（保冷）层均视输气工艺再来有详细的制定。

输气管道同输送液体管道相比具有以下特点：

1. 输气管道系统是个连续密闭输送系统。

2. 从输送、储存到用户使用，天然气一直处于带压状态。

3. 由于输送的天然气比重小，静压头影响远小于液体，设计时高差小于 200 米时，静压头可忽略不计，线路几乎不会受纵向地形限制影响。

4. 不存在液体管道水击危害。

5. 发生事故时会产生很大的危害，波及范围广。管道一旦破裂，将会释放出巨大的能量，撕裂长度较长，排出的天然气一旦遇到明火，很有可能酿成火灾。

为了保证管道运行安全，各国都规定了进入输气管道的气体质量标准，其内容一般包括：规定出天然气中的硫化氢、水分、露点等标准；规

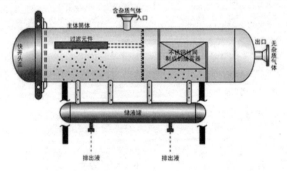

※示意图

定管道按途经地区人口密度指数确定各类地区的设计系数，确定管壁的最小厚度的方法；制订防火安全距离；规定管道选用钢材的焊接性能、冲击韧性、止裂性能，并规定输送不符合气体质量标准的天然气管道所选用的管材应具有的抗硫性能等。

◎天然气产业发展前景

中国天然气产业的快速发展仅是作为一个新阶段的开始。从整个天然气上下游一体化的系统工程来看，中国天然气产业并不是很成熟。与其他成熟天然气市场相比，中国将用更少的时间发展成为成熟天然气市场。

▶ 知识窗

　　无论如何，中国的环境压力和快速的城市化对扩大天然气市场都产生了极大地推动作用。中国天然气需求未来十几年将高速增长，预计平均增速将达 11%～13%，2010 年需求量将达到 1400 亿立方米。这样，供需缺口大约在 500 亿立方米左右。中国规划到 2020 年天然气的使用量在一次性能源中所占的比例达到 10%。

| 拓展思考 |

1. 输气管道的结构是怎样的？
2. 天然气产业的发展前景是怎样的？
3. 输气管道的特点是什么？

管道燃气安全知识

Guan Dao Ran Qi An Quan Zhi Shi

液化石油气一般为石油炼制的副产品，所以，其市场价格一般随着国际石油行情而产生或大或小的波动。液化石油气（LPG）的主要成分为丙烷、丙烯、丁烷、丁烯（俗称 C3、C4）。气态的液化石油气比空气重（约重一倍），一旦泄漏不易散发，且当液化石油气与空气混合达到一定的浓度（15%～95%）时，遇到明火便发生威力十足的爆炸，因此管道燃气不能引入地下室。液化石油气无色无味，日常使用的液化石油气中加入了一种特殊气味的气体，一旦发生泄漏，闻到特殊味道就可以觉察到，很有效地防止了事故的发生。液化石油气本身无毒，但人在充满液化石油气的室内，身体会产生不适感，当身体内吸入大量的天然气是，会麻痹神经或缺氧窒息，很有可能发生意外。所以一定要加强安全防范意识。

◎安全用气

1. 液化石油气进行完全燃烧时要消耗大量的新鲜空气，1 立方米液化石油气完全燃烧大约需要 30 立方米空气。因此，使用液化石油气时一定要保持室内空气流通。

2. 点火前，应先闻室内有无液化气味。一旦有漏气现象发生，要及时开窗通风，不得动火或动用电器开关，发现门外有明火时，一定不能开门，同时立即关闭入户总阀并通知管道燃气公司进行维修处理。

3. 正常操作时，应先打火后开炉灶旋钮开关，调节空气吸入量使火焰稳定呈蓝色。炉具每次使用完毕后必须将开关扳到关闭（OFF）位置。

4. 使用液化石油气时，要有人照看，要随时注意液化石油气的燃烧情况，避免食物沸溢浇灭火焰或穿堂风吹熄火焰，一旦发现火焰突然熄灭，立即关闭燃具开关，如有必要再关闭管道总阀，在确认室内无泄漏情况下，才可以继续使用。

5. 一般情况下胶管不要穿墙，长度不要超过 2 米，要经常检查胶管的使用情况，如发现有裂痕、变硬、变软，应及时更换新的耐油胶管。

6. 家用燃气热水器的选型，应经燃气公司确认质量合格，并由管道燃气公司安装或验收合格方可使用。

7．禁止使用直排式热水器。

8．烟道、强排式热水器可安装在有效排烟的浴室内。浴室体积应大于 75 立方米，房间净高应大于 24 米。浴室门或墙下部应留有截面积不小于 0.02 平方米的进风孔洞或间隙。

9．热水器应安装在耐火的墙壁上，上部不允许装有电力明线，电器设备和易燃物。

一旦发现或怀疑液化石油气泄漏时，应立即采取下列措施：

1．迅速关掉燃气管道上的阀门。

2．切勿开、关任何电器或电掣及现场使用电话。

3．熄灭一切火种。

4．打开门窗通风换气，用扫帚或蒲扇将液化石油气赶到室外。

5．到户外打抢修电话，通知管道管道燃气公司派人处理。

6．发现邻居家液化石油气泄漏应敲门通知，切勿使用门铃。

7．如事态严重应离开现场，拨打"119"火警电话报警。

8．查漏办法：首先要关闭燃气具开关，打开入户总阀，用肥皂水在易漏部位涂抹，连续起泡处即为漏气点。严禁使用明火查漏。

▶ 知 识 窗

  燃气包括人工燃气（俗称煤气）、液化石油气（LPG）、天然气。在当前阶段，我国城市中使用的管道燃气大多为管道液化气。管道液化气是从气源点（气化站）将液态的液化石油气气化后用市政管网送到千家万户，与瓶装气供应相比具有安全、稳定、卫生、方便等优点。

拓展思考

1．什么是燃气管道？

2．使用燃气的时候应该注意些什么？

3．如何安全的使用管道燃气？

.

天然气的前景

Tian Ran Qi De Qian Jing

这项研究是麻省理工学院在能源领域多学科综合性系列研究的最新成果，主要面向高层政府部门。我国天然气消费正在不断增加，而中国又是贫油少气的国家，了解和积极参与全球天然气资源开发和市场发展，加大国内天然气和非常规天然气的勘探开发及相关科学技术研究将是未来能源工作的重点。

从这个意义上说，这份报告具有重要的参考价值。天然气现已成为有关能源、安全和气候争论的焦点。

从全球来看，天然气供应是丰富的，且大部分开发成本相对较低。目前对剩余可采天然气资源的预测值中，一般为 459 万亿立方米，是全球天然气消费量的 150 倍。此外，最低和最高的预测值分别为 351 万亿立方米和 589 万亿立方米。在一般预测值中，大约 255 万亿立方米是经济可采资源，进口价为 4 美元/百万英热单位或更低。

报告认为，全球丰富的天然气资源预示着近期至中期天然气利用将极大扩张，特别是电力生产。在美国未来数十年天然气占能源结构的比例将不断增加，其中，非常规天然气尤其是页岩气将对未来美国能源供应和 CO_2 减排产生重要贡献。过去 5 年里对美国页岩气可采量的评估大幅上升。目前一般预测约为 18 万亿立方米，最低和最高预测值分别为 12 万亿立方米和 25 万亿立方米。一般预测值中，大约 11 万亿立方米是经济可采的，进口价为 6 美元/百万英热单位或更低。

美国部分原来不产气的地区具有丰富的页岩气资源，开发这些资源将改变全美天然气生产和分配格局。

报告提出，页岩气开发的环境影响是可控的，但仍具有挑战性。最大的挑战是水管理，特别是压裂流体的有效处理。对于从未进行过大规模天然气生产的地区，页岩气开发的扩大需要相应的扩建管道、储存和处理基础设施。这方面的限制需要在用天然气替代煤炭的决策中加以考虑。

天然气开发应与其他低碳技术同步发展，不过，长期来看，非常严格的碳排放约束将限制包括天然气在内的所有化石燃料，除非碳捕获与封存

认识我们身边的天然气

技术与其他低碳替代燃料相比具有竞争力。新的科学技术运用，特别是对于非常规资源来说，能够在美国天然气供应与进口之间的长期经济竞争中产生显著贡献，能够优化资源利用、降低成本，减少天然气的环境足迹。

即使在假定的 CO_2 排放政策压力下，美国天然气利用预计到 2050 年将大量增加。

在到 2050 年 CO_2 减排 50％的情景下，利用全球经济模型和包括了不确定性的天然气价格曲线，相关 CO_2 排放价格的主要影响是能源需求减少并在电力领域以天然气替代煤炭。实际上，天然气发电为低碳环境下其他技术的竞争树立了一个标杆。

对此情景可能产生影响的一个主要因素是技术进步可能降低替代能源的成本，特别是可再生能源、核能以及碳捕获与封存（CCS）。

更严格的 CO_2 减排目标（如 80％）就可能要求电力部门完全除碳化。这必须使相竞争的低碳技术获得高速发展，包括应用于煤炭和天然气的 CCS 技术。如果因为对天然气资源的乐观评估而忽视了对目前成本较高的技术的开发，这将是严重的政策错误。相反的，对这些技术进行政策扶持和长期性补贴而在中短期内将天然气排除在外也是一种错误的做法，因为这将显著增加 CO_2 减排的成本。

一些政府和类政府的 RD&D 项目在非常规天然气资源开发中取得了重要成就。这些项目与短期生产税激励相结合，成为当今非常规天然气事业的重要推动因素。

电力部门是天然气使用主力，天然气的总体利用存在弹性，在三大应用部门（电力、供暖、工业）中，任意一个部门用量的减少都将导致价格降低以及其他部门用量的增加。

电力部门是在 CO_2 排放约束下天然气最主要的增长领域。由于变化性和不确定性，间歇性电力资源，如风能和太阳能的扩大将显著影响天然气的产能及其在电力部门中的利用。这些影响短期内体现在调度模式的响应上，长期则体现在产能的增加和减少对间歇性资源大规模引入的灵活响应上。

在美国天然气及其他燃料得到高效利用的机会很多，发电可以从煤炭转换为以天然气为燃料。用天然气替代煤炭可在近期内对 CO_2 排放产生重要影响，美国煤炭利用中有相当一部分是低效的火力发电站，不适合采用碳捕获技术，并且还有相当一部分天然气联合循环（NGCC）发电能力未得到充分利用。

美国压缩天然气（CNG）汽车运输市场的发展为天然气利用的扩大和

CO_2 减排提供了机遇，但近期内要成为天然气新的主要市场或减轻美国对石油的依赖性还为时过早。不过在碳约束情景中可以看到本世纪中期以前，私人汽车市场会出现明显增加。液化天然气（LNG）目前对长途卡车来说还没有表现出经济上的吸引力，主要问题是成本以及需要低温储存。天然气制甲醇已经得到大规模工业利用，这是一种具有成本竞争力并可减轻对石油依赖的常温液体交通燃料。不过与汽油相比对碳排放的影响不大。

市场、地缘政治和经济对全球天然气市场和贸易的支配程度在未来数十年里将会增加，主要影响体现在投资与天然气进口。

▶ 知识窗 ....

与其他化石燃料相比，天然气的碳足迹明显更低，加上北美非常规天然气供应的发展以及低碳替代能源的高成本和进展缓慢，使人们意识到天然气将成为通往低碳未来的"桥梁"。

目前北美、欧洲和工业化的亚洲已形成了区域化市场。其中美国天然气市场较为完善，不需要制定特殊政策来使其对 CO_2 减排作出实质性贡献。而国际天然气市场处于整合的早期阶段，还存在许多有待解决的障碍。如果形成一个更为整合的市场，各国可以在同一经济基础上从事天然气生产与贸易，这样将增加当前区域性市场之间的贸易。

研究报告指出，加强国际天然气市场的流动性符合美国的利益，将降低美国的天然气价格，增强全球供应多样化并迅速弥补供应中断，美国将在未来数十年间成为 LNG 主要净进口国。

本项研究发现，对美国天然气供应的乐观或悲观预测，以及价格波动和政策变化，常常导致成本高昂的投资决策。而全球天然气市场在本项研究的时间范围内可能产生剧烈变化。

作为全球性常规天然气资源集中的结果，政策和地缘政治在全球供应和市场结构中扮演了重要角色。报告提出，一些相关问题将越来越频繁地出现在美国能源与安全议程之中：包括美国的盟国在内对天然气的依赖可能制约美国的对外政策选择；新的市场参与者可能给透明市场的发展带来阻碍；对天然气管道和管线控制的争夺在关键地区非常紧张；较长的供应链增加了天然气基础设施的脆弱性。

| 拓展思考 |

1. 天然气的主要用途是什么？
2. 目前世界区域中天然气市场最大的是哪个区域？

认识我们身边的天然气

天

然气的发展状况

TIANRANQIDEFAZHANZHUANGKUANG

第四章

　　石油化工是近代发达国家的重要基干工业，随着天然气需求的激增，天然气价格上升趋势将逐步加大。近些年来，国内天然气行业"气化中国"工程正方兴未艾。有很多民营企业和投资者认为天然气行业发展空间广阔，极具投资价值，对天然气市场前景看好。

天然气在国民经济中的重要性

◎天然气的发现和早期应用

在公元前 6000 年到公元前 2000 年间,伊朗首先发现了从地表渗出的天然气。许多早期的作家都曾描述过中东有原油从地表渗出的现象,特别是在今日阿塞拜疆的巴库地区。渗出的天然气刚开始可能用作照明,崇拜火的古代波斯人因此拥有了永不熄灭的火炬。中国利用天然气是在约公元前 900 年。中国在公元前 211 年钻了第一个天然气气井,据有关资料记载深度为 150 米。在今日重庆的西部,人们通过用竹竿不断的撞击找到了天然气。天然气用作燃料来干燥岩盐。后来钻井深度达到 1000 米,至 1900年已有超过 1100 口钻井。

直到 1659 年在英国发现了天然气,欧洲人才开对它有了一点了解,但是天然气并没有得到广泛的应用。从 1790 年开始,煤气成为欧洲街道和房屋照明的主要燃料。在北美,石油产品的第一次商业应用是 1821 年纽约弗洛德尼亚地区对天然气的应用。他们通过一根小口径导管将天然气输送至用户,主要用于照明和烹调。

◎天然气管线的改进

由于还没有发现有什么方法适合长距离输送大量天然气,天然气在整个十九世纪只应用于局部地区。工业发展中的应用能源主要以煤和石油为主。直到 1890 年燃气输送技术发生了极具意义的重大突破,发明了防漏管线连接技术。然而,材料和施工技术依然较复杂,以至于在离气源地160 千米的地方,还是无法利用天然气。因而,当生产城市煤气时,伴生气通常烧掉(即在井口燃烧掉),非伴生气则会留在地下。

由于管线技术的进一步发展,19 世纪 20 年代长距离天然气输送成为可能。1927~1931 年美国建设了十几条大型燃气输送系统。每一个系统都配备了直径约为 51 厘米的管道,并且距离超过 320 千米。在"二战"之后,建造了许多输送距离更远、更长的管道。管道直径甚至可以达到 142 厘米。十九世纪 70 年代初,最长的一条天然气输送管线终于在苏联诞生。例如将位于北极圈的西西伯利亚气田的天然气输送到东欧的管线,全长 5470 千米,途经乌拉尔山和 700 条大小河流。结果，世界最大的 Urengoy 气田的天然气输送到东欧，然后再送到欧洲消费。另外一条管线是从阿尔及利亚到西西里岛，虽然距离较短，但还是会带来很大的施工难度，该管线管径为 51 厘米，沿途要穿越地中海，所经过的海域有时深度超过 600 米。

◎石油化工是能源的主要供应者

石油化工，主要是指石油炼制生产的汽油、煤油、柴油、重油以及天然气是当前主要能源的主要供应者。我国 1995 年生产了燃料油为 8 千万吨。目前，全世界石油和天然气消费量约占总能耗量 60%；由于我国使用煤炭的量很大，石油的消费量不到 20%。石油化工提供的能源主要作汽车、拖拉机、飞机、轮船、锅炉的燃料，少量用作民用燃料。能源是制约我国国民经济发展的一个因素，石油化工约消耗总能源的 85%，应不断降低能源消费量。

◎石油化工是材料工业的支柱之一

金属、无机非金属材料和高分子合成材料，被称为三大材料。全世界石油化工提供的高分子合成材料目前产量约为 145 亿吨，1996 年我国已超过 800 万吨。除合成材料外，石油化工还提供了绝大多数的有机化工原料，在属于化工领域的范畴内，除化学矿物提供的化工产品外，石油化工生产的原料，已经在各个部门里崭露头角。

◎石油化工促进了农业的发展

农业是我国国民经济的基础产业。石化工业提供的氮肥占化肥总量的 80%，农用塑料薄膜的推广使用，加上农药的合理使用以及大量农业机械所需各类燃料，形成了石化工业支援农业的主力军。

◎各工业部门离不开石化产品

现代交通工业的发展与燃料供应是紧密相连的，可以这么说，没有燃料，就不会有现代交通工业。金属加工、各类机械毫无例外需要各类润滑材料及其他配套材料，这些都需要大量的石化产品。全世界润滑油脂产量约 2 千万吨，我国约 180 万吨。建材工业是石化产品的新领域，如塑料关材、门窗、铺地材料、涂料被称为化学建材。轻工、纺织工业是石化产品的传统用户，新材料、新工艺、新产品的开发与推广，无不有石化产品的身影。当前，高速发展的电子工业以及诸多的高新技术产业，就石化产品而言，尤其是对石化产品为原料生产的精细化工产品提出了新的要求，这对发展石化工业有着巨大的推进作用。

◎石化工业的建设和发展离不开各行的支持

国内外的石化企业都是集中建设一批生产装置，形成大型石化工业区。在区内，炼油装置为"龙头"，为石化装置提供裂解原料，如轻油、柴油，并生产石化产品；裂解装置生产乙烯、丙烯、苯、二甲苯等石化基本原料；根据需求建设以上述原料为主生产合成材料和有机原料的系列生产装置，其产品、原料都会有一定的比例关系。如要求年产 30 万吨乙烯，粗略计算，约需裂解原料 120 万吨，对应炼油厂加工能力约 250 万吨，可配套生产合成材料和基本有机原料 80～90 万吨。由此可以得知，建设石化工业区要投入大量资金，厂区选址适当，不仅要保证原料和产品的运输，同时有充分的电力、水供应及其他配套的基础工程设施也是非常重要的。各生产装置需要大量标准、定性的机械、设备、仪表、管道和非定型专用设备。制造机械设备涉及材料品种多，各种设备的要求都是不一样的，有些重点设备高度超过 50 米，单件重几百吨；有的要求耐热 1000℃，有的要求耐冷－150℃。有些关键设备需在国际市场采购。所有这些都需要冶金、电力、机械、仪表、建筑、环保各行业支持。石化行业是个技术密集型产业。生产方法和生产工艺的确定，关键设备的选型、选用、制造等一系列技术，都要求由专有或独特的技术标准所规定，如从国外引进，要支付专利或技术诀窍使用费。因此，只有加强基础学科，尤其是有机化学、高分子化学、催化、化学工程、电子计算机、自动化等方面的研究工作，加强相关专业技术人员的培养，使之掌握和采用先进科研成果，再配合相关的工程技术，石化工业才有可能不断发展，踏上一个新的台阶，新的领域。

▶ 知 识 窗

由石油和天然气出发，生产出一系列中间体、塑料、合成纤维、合成橡胶、合成洗涤剂、溶剂、涂料、农药、染料、医药等与国计民生息息相关的重要的产品。80 年代，在工业发达国家中，化学工业的产值，一般占国民生产总值 6%～7%，占工业总产值 7%～10%；而石油化工产品销售额约占全部化工产品的45%，拥有很大的比例。

| 拓展思考 |

1. 天然气会不会成为国民经济的支柱？
2. 天然气对国民经济有何重要意义？
3. 天然气和石油在国民经济中的地位如何？

天然气消费市场

Tian Ran Qi Xiao Fei Shi Chang

◎天然气过剩局面正在发生改变

随着俄罗斯、卡塔尔、印尼、也门和秘鲁新建的液化天然气生产线纷纷投产，今年新增产能达到 5900 万吨/年。但是因为有非常大的需要量，全球液化天然气市场的过剩产能只有 1.1 亿立方米/日，仅为全球天然气需求的 1%。在天然气价格方面，除供应充足的北美市场外，其他市场的天然气价格一直是比较高的价位。欧洲和亚洲的天然气现货价格保持在 7～10 美元/百万英热单位，而北美气价远低于欧洲和亚洲，为 4 美元/百万英热单位。

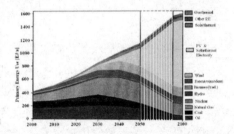

※ 能源发展趋势表

目前，全球主要液化天然气出口商和管道气出口商都在有意识的减少出口量，这使得天然气过剩的局面发生了很大的改变。包括阿尔及利亚、俄罗斯和卡塔尔在内的天然气生产商，都准备在供应管理这方面大放光彩。

卡塔尔在美国的金色通道电气化终端设施的建设还没有完成，而天然气生产商又不希望转向亚洲市场之时，其他很多条生产线会受到大的影响，降低其夏季液化天然气产量，导致北美液化天然气和欧洲市场天然气现货价接近于冬季用气高峰时的水平。

俄罗斯天然气工业股份公司也对其管道气供应作出了相应的调整，成功地将与原油价格挂钩的气价保持在 8 美元/百万英热单位水平。当然，此举也有其在欧洲市场份额减少的风险。与此同时，阿尔及利亚也减少了液化天然气供应量，9 月份该国产量仅为 0.4 亿立方米/日（合 1150 万吨/年），只动用了该国 50% 产能。

◎欧洲尤其是亚洲液化天然气终端永远都处于饥饿状态

今年，全球的天然气的需求量远远超出人们的想象，仅仅在前8个月，液化天然气需求量就已经达到139亿吨，同比增长21％。按照这个速度发展下去，全年需求有望达到215亿吨。需求的增长既来自于欧洲、日本和韩国等传统天然气进口大户，也来自于中国、印度等新兴经济体。

据美林投资银行的数据，欧洲的天然气需求恢复很慢，并且是很不均衡的，仅有的需求增长是由恶劣的天气导致的。在仅仅一季度内，欧洲天然气需求量就已经上升了170亿立方米，而年均增幅仅为100亿立方米。将因受恶劣天气而带来的影响除去不计的话，预计欧洲今年天然气需求速度将会增长49％，明年增速将降至12％。前8个月，亚洲的液化天然气需求大增17％，其中日本需求增长10％，韩国需求则达到28％的强劲增长。

过剩的液化天然气无法在价格低廉的北美市场找到好的销路，所以只能不远万里来到欧洲和亚洲，欧洲尤其是亚洲的液化天然气终端永远非常的缺少，多大的产能都不用担心会滞销。

由于未来液化天然气产能仍旧会有大幅度的增长，如果出口国想维持欧洲和亚洲市场天然气价格，就不能大幅增加这些市场的供应量，届时美国可能是这些过剩产能最终的归宿。

▶知识窗

卡塔尔计划2011年液化天然气产能再增加2300~3000万吨。分析人士预计，该国将过剩的液化天然气出口至美国，以免大量增加的天然气涌入欧洲引起气价下跌。若果真如此，美国明年的液化天然气进口，将从今年的0.3亿立方米/日，上升至0.7亿立方米/日。

拓展思考

1. 天然气的消费市场是什么？
2. 天然气的消费结构是怎样的？
3. 中国天然气消费市场大吗？

中国未来对天然气需求预测

Zhong Guo Wei Lai Dui Tian Ran Qi Xu Qiu Yu Ce

未来几年内我国天然气需求将快于煤炭和石油，天然气市场在全国范围内将得到较大发展。随着天然气需求量的日益增大，天然气价格上升趋势也在渐渐的增大。近年来，国内天然气行业"气化中国"工程正蓬勃发展。不少民营企业和投资者认为天然气行业发展空间广阔，具有很好的经济价值和开发价值，天然气市场前景非常广阔。

◎行业发展空间广阔

由于国际油价长期居高不下，全球对环保节能的能源——天然气的需求日益增强。据一些国际专家预测，天然气是 21 世纪消费量增长最快的能源，占一次性能源消费的比重也会越来越大。天然气在一次性能源消费的比例到 2050 年将达到 30％，在那个时候天然气将很有可能完全取代石油或与石油持平，成为第一能源。天然气在我国的利用范围要比国外的那些国家低很多。

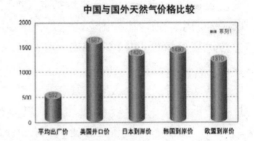

中国与国外天然气价格比较

中国天然气消费结构

■ 城市燃气
■ 化工原料
■ 工业燃料
▨ 发电

※天然气消费结构表

据英国石油公司的数据统计显示，全球天然气占总能源消费的 24％，而在我国只有 3％，甚至低于印度的 8％。未来几年里，我国天然气需求增长将快于煤炭和石油，天然气市场在全国范围内将得到最良好的发展。预计 2014 年，天然气在能源总需求构成中的比重约为 9％，需求量将达到 900 亿立方米。2020 年，需求量将达到 2000 亿立方米，占整个能源构成的 10％。

据此预测的天然气需求量与国内今后潜在的、可生产的天然气产量相比，还是有很大的差别的。因此，天然气行业的前景不可估量。

◎ "气化中国"方兴未艾

近几年，国内天然气行业一场 "气化中国" 的战争正进行的如日中天。中石油是我国最大的天然气勘探开发企业，拥有新疆、陕甘宁、川渝和青海四大气区，公司的储产比高达 54∶1。为了

※气行业工厂

巩固行业内的龙头地位，中石油规划在 2005 年建成三大天然气管线：轮南—上海，重庆忠县—武汉，长庆—华北第二条输气管线，新增输气管线长度超过 7000 千米。中石化也制定了加快天然气勘探开发和利用的战略。与另外两家所采取的措施不同的是，中海油则采取 "先布点，后连线" 的办法发展天然气业务，争取用 10～15 年的时间，建成纵贯南北的宏大的沿海天然气管网。

其他众多中小企业更是看准了天然气工业快速发展过程中所孕育的巨大商机，如上海申能集团几年前就开始介入东海天然气的开发，从 2001 年开始又投入巨资建设上海市的天然气管网；长春燃气和燃气股份以天然气代替原来的城市煤气和液化石油气，企业的经营效益已得到很好的改善。在我国新疆有着含量丰富的天然气资源，"西气东输" 管网尚未建成，广汇集团看准机会，已经率先启动新疆 LNG 项目，将斥资 80 亿打造天然气帝国。

◎气价上升空间较大

我国天然气价格是按化肥、其他化工、燃料等不同用途制定的差异价格。随着天然气需求的增长，价格上升的趋势将也会日趋的增长，特别是在石油价格大幅上升后，天然气价格同步上升也是自然的。但由于我国天然气各种价格是由国内政府所定的，执行的是国家指导价下的双轨制价格，还没有形成市场导向下合理的天然气价格机制，所以仍然处于较低的水平。就国外天然气的价格来看，在过去的 3 年中，美国天然气价格一路暴涨，目前已经相当于人民币 18 元/立方米，而且在接下来的几个月直到明年，天然气价格仍可能维持现在的高价，甚至有继续上涨的趋势；俄罗斯经济发展部制定的社会经济发展计划表明，在今后的 3 年期间，俄罗斯

认识我们身边的天然气

的天然气实际价格上升 36%～39%。我国天然气价格明显低于国际市场价格，2003 年一季度中国石化的天然气平均价格为 0.619 元/立方米，而中石油的天然气价格为 0.571 元/立方米，说明国内天然气的价格有非常大的调整空间。

▶知 识 窗

　　目前国内证券市场涉及天然气工业的上市公司共有 8 家，其中辽河油田、石油大明、中原油气和中国石化是国内天然气的重要生产商和天然气主干网建设的重要参与者；燃气股份、长春燃气、申能股份和广汇股份分别是海南、长春、延吉、上海、新疆等省份及大中城市天然气支线网投资者和零售商。

　　目前天然气上市公司业绩良好，投资价值非常理想。

‖拓展思考‖

1. 我国未来对天然气的需求是怎样的？
2. 中国天然气的发展空间很大吗？
3. 中国天然气公司的投资价值怎样？

我国天然气的利用现状及发展展望

天然气的按组成成分可以分为烃类气体与非烃类气体两大类。烃类气体主要指甲烷（CH_4）和C2－4重烃气，非烷烃气常见的有CO_2、N_2、H_2S、H_2及He、Ar等稀有气体。天然气有多种用途，除了用作燃料外，广泛用于住宅、商业、交通运输等诸多领域，同时也是高效、清洁的发电燃料。此外，天然气还是很多重要化工产品的原料。

一、烷烃气

烷烃气主要由常温、常压条件下呈气态的CH_4以及少量的乙烷、丙烷、丁烷组成。烷烃气作为天然气的主体，在我国的用途正由过去以化工为主的单一消费结构逐步向城市燃气、工业燃料、天然气发电和天然气化工等多元化消费结构转变。烷烃气可用于城市燃气、车用燃料、工业燃料、发电、燃气空调、燃料电池、化工原料等诸多方面。此外，液化天然气（LNG）的冷量利用受到越来越多的重视。

1. 城市燃气

天然气具有环保、高效、使用方便等显著的优点，已成为现代城市住宅、商业和公共部门的优选能源。在保证天然气安全供应的前提下，其最有价值的利用方向是可以很有效地减缓温室效应的加剧、有效的改善我们所居住的环境。

从利用效率上来看，电能要比天然气的效率高，但如果从生产、供应和终端利用全过程（包括开采、加工、输送、转换、分配和利用）进行综合判定的话，天然气能源利用效率远大于电能。对于用电的终端用户，电能生产和供应的能量效率只有27%，即在电能的生产和供应过程中约有73%的能量要损失掉；对于天然气的终端用户来说，在使用前，天然气生产和供应的能量效率高达90%，损失率仅为10%。

2. 车用燃料

在保留汽车原有供油系统的情况下，增加一套专用压缩天然气（CNG）装置，便形成CNG汽车。天然气汽车始于20世纪30年代，意大利是第一个使用天然气汽车的国家至今已有 60 多年历史。天然气汽车在环境保护、高效节能、使用安全等方面具有非常显著的优点，同时可切换使用汽油或柴油，正是因为这么多的优点，天然气汽车发展得十分迅速。到目前为止，全世界有 CNG 汽车 228 万多辆，CNG 加气站 4600 多座。北京已拥有约 4000 辆 CNG 公交车，重庆 95％以上的公交车均使用CNG，西安、成都、乌鲁木齐等城市则以每年 25％左右的速度发展 CNG公交车。CNG 汽车也由单一的公交车、出租车逐步扩大到邮政车、垃圾车、政府用车甚至私人车辆，我国清洁汽车的发展目前已经步入正轨。

以天然气替代汽油或柴油作为汽车燃料具有环保节能、技术成熟可靠、安全、经济效益显著等优点。

3. 工业燃料

天然气作为工业燃料主要用于锅炉和工业窑炉，与煤、燃料油、液化气相比具有很明显的优势。天然气作为工业燃料，在环保这一方面有十分显著的优势。以燃烧后排放的 CO_2 作为比较，如煤炭为 100，则石油为83，而天然气仅为 57，同时二氧化硫和氮氧化物等污染物的量也比其他的要小很多。

根据我国目前对如何利用天然气的政策所做的规定，在建材、机电、轻纺、石化、冶金等工业领域中，允许以天然气代油、液化石油气项目，允许环境效益和经济效益较好的项目以天然气代煤气，以及允许这些领域中可中断的用户使用天然气。

4. 发电

燃煤火力发电机组效率最高达到 41.9％～45.3％，燃气轮机联合循环发电的效率最高可接近 60％，以燃气轮机为核心的热电联产系统的总热效率可达 80％，而分布式冷热电联产系统的效率可达 90％。同燃煤发电厂相比，燃气发电污染物排量也很低。此外燃气轮机启动后 15 分钟内即可并网发电，具有非常良好的调峰作用。

由于天然气有那么多的优点，20 世纪 80 年代以来世界发电用的天然气消费量及燃气发电在总发电量中所占的比例均快速上升。1997 年国外用于发电的天然气消费量占总消费量的比例已由 1980 年的 20％上升到33％以上。1980～1997 年世界发电用天然气消费量增长了 $4592×10^8$ 立方米，在世界电力生产总量中，天然气发电量的比例从 12％增至 15％。天然气发电是当前经济发达国家的主要天然气利用方向之一，国内一些学者也对利用天然气发电非常的支持，但天然气发电耗用天然气量巨大，而在国内，天然气作为一种新型的稀缺优质资源，尽管其对节能减排可发挥独特作用，但还是要尽量少的去使用天然气发电。在重要用电负荷中心，可利用热电联产或分布式冷热电联产系统调峰或作为应急备用电源，但前提是天然气供应必须充足。

5. 燃气空调

燃气空调（又称燃气热泵），一般是指采用燃气（天然气、人工煤气、煤层气等）作为驱动能源的空调。燃气空调是一种节能环保的新型空调，燃气空调的应用范围十分广泛，是热电联产或冷热电联产能源梯级利用中的重要组成部分。

燃气空调早在 20 世纪 50 年代前就已进入美国空调市场，60 年代已占领市场份额的 40%，但 70 年代以后由于天然气制冷技术赶不上电力制冷，被挤出市场。80 年代中期后由于天然气制冷技术的进步、能源利用效率的提高、天然气使用的普及以及节能环保的因素，再加上天然气制冷可以有效地缓解夏季出现的用电高峰、有效地填补夏季出现的用气低谷等因素，同时可平抑电网和燃气管网的峰谷差、提高燃气管网和电网设备资源的利用率等，这些因素促使天然气空调在美国、日本等国家均有很好的发展。

6. 燃料电池

燃料电池与常规的干电池和蓄电池有很大差别，它是一种发电装置，但发电原理又异于常规火力发电。它不同于剧烈的燃烧反应，也不同于水力发电、风力发电和核能发电，而是通过电化学过程将富氢燃料和氧化剂反应而产生的化学能直接转化为电能的高效发电装置。电极本身基本不发生任何变化，其作用是对燃料（目前主要是氢）起催化离解作用。燃料由电池外部供给，只要连续通入燃料就可以连续不断地输出电能。

燃料电池具有发电效率高和总热效率高等优点。一般燃料电池发电效率在 40% 以上，有些类型燃料电池发电效率可达 60%，带热回收的燃料电池发电系统的总热效率可达 80%。此外，燃料电池环境污染小，在能源发电、家用电源、汽车工业、航空航天、建筑及移动通信等领域都可以很广泛的应用。

7. 化工原料

化工原料所消耗的天然气虽然仅占全球天然气消费总量的 5% 以下，但是生产出来的化工产品却是种类繁多，年产量达 2×10^8 吨。除了一些产量较少可由天然气为原料直接制取的一次产品（甲烷氯化物、乙炔、二硫化碳、氢氰酸、硝基甲烷等）外，合成氨和合成甲醇这两种大宗产品以及当今非常忠实的合成油都是天然气经由合成气（$CO+H_2$）间接制取获得的。全球以天然气为原料生产的合成氨和甲醇的产量分别占这两种产品产量的85％和90％，构成了天然气化工利用的核心。天然气也可以应用到化纤产品的生产中。此外作为天然气的副产品，凝析气是一种非常重要的石油化工原料，尤其是作为生产乙烯和丙烯的原料。

8. LNG 的冷量利用

中国每年将进口数以千万吨计的 LNG，与此同时会带来巨额冷量，日本、美国和欧洲一些发达国家都非常重视 LNG 冷能的回收利用，同时他们也积累了很多宝贵的经验。利用这些冷量可用于发电、液化空气制取氮、氧、氩，制造干冰，分离13C 以及低温冷库等众多领域。

我国建设在海边城市的 LNG 接收终端，每年从国外进口大量的 LNG，其冷量也是非常可观的，应该加以利用。在这些接收终端旁边建设生产液氧、液氮、液氩的大型空分装置是有效利用 LNG 冷能的最佳选择。建议 LNG 冷能要梯度、集成利用，以实现利用效率的最大化。

二、二氧化碳（CO_2）

高含 CO_2 的天然气与高含烃类气一样，它所具有的经济意义也是非常巨大的。国内外不乏高含 CO_2 的天然气气藏，我国三水盆地深井由于 CO_2 含量达 99.55％，成为有很高经济价值的气藏。

CO_2 作为一种化工原料，其应用也是非常广泛的。据《化工经济技术信息》在 2007 年 11 期的报道，全球回收的 CO_2，约 40％用于生产化学品，35％用于油田三次采油，10％用于制冷，5％用于碳酸饮料，其他应用占 10％。

三、硫化氢（H_2S）与硫黄

H_2S 是一种剧毒的化学物质，性质是极不稳定的，与空气混合可形成易爆混合物，溶于水后会形成具有强烈神经毒性生物氢硫酸。全球硫黄产量中约 90％是从含硫油气中回收的。世界上硫黄产量最多的国家为美国、加拿大、俄罗斯，占世界硫黄产量约 2/3，其中，加拿大和俄罗斯生产硫黄主要是从天然气中回收 H_2S。现在的生产工艺可直接以天然气中的 H_2S 为原料来生产硫酸，可以很大程度的降低它所耗费的投资成本。世界硫黄产量的 80％以上用于生产硫酸，硫酸是最重要的基本化工原料之一，主要用于生产磷肥，中国硫酸总产量的 60％以上用于生产磷肥。

中国的硫黄资源较为缺乏，大部分的来源均是对外，对外依存度竟高达 90％。随着川东北普光等一系列大型（高）含 H_2S 气田（部分气井 H_2S 含量高达 17％以上）的发现，我国硫黄市场供不应求的矛盾得到了很有效的缓解。到 2010 年，普光、南坝、铁山坡等 5 个天然气净化厂全部投产后，每年硫黄产量有望达到 400 万吨以上，将成为亚洲最大的硫黄生产基地、中国硫化工技术研发基地及中国硫化工产业基地，我国硫黄的对外依存度也随之降低到 60％。

除了最广泛的应用在制硫酸外，硫黄还广泛用于农药、橡胶、染料、造纸、医药、火药和炸药等行业，制糖行业和化纤行业的应用也相对比较广泛。

四、氦气（He）

由于 He 在卫星飞船发射、导弹武器工业、低温超导研究、半导体生产等方面具有不可替代的重要作用，它更是国防军工和高科技产业发展不可或缺的稀有战略物资之一。含 He 天然气目前仍是工业化生产 He 的唯一来源。世界上超过 95％的氦消费由美国供应，但俄罗斯拥有世界上最大的 He 资源量，四川威远气田（0.2％）是我国唯一能提取 He 的气田，由于这一状况，我国每年都需要从国外进口大量的 He。

▶ 知 识 窗

由于我国大陆地区天然气资源比较分散，单井产量低，自然稳产期短，造成开发成本和井口价相比国外要偏高。其结果是无论国产天然气、进口管道天然气还是进口液化天然气的价格均高于国外。因此，我国以天然气作为化工原料的产品必将缺乏国际竞争力。由上建议，应将天然气作为主要清洁能源，依据治理污染、高效合理、经济可行三原则进行取舍。

拓展思考

1. 你对天然气的现状有什么看法？
2. 如何能最好的利用天然气？

认识我们身边的天然气

天

然气的生活应用

TIANRANQIDESHENGHUOYINGYONG

第五章

天然气是一种储量很大、输送方便、成本低廉、其清洁无灰渣、热值较高及燃烧产物对环境污染较小的优质能源，因此是一种理想的城镇燃气气源。燃具的推广使用体现了气体燃料的优越性，它对人们的生活、城市环境、能源消耗都有很大影响。用天然气制冷代替电力驱动的压缩机是近几年来重新发展的天然气新兴技术，随着天然气供应的愈加充足、供应范围的不断扩大，近几年天然气发电将会得到一个飞速的发展。

天然气作城镇燃气的优势

Tian Ran Qi Zuo Cheng Zheng Ran Qi De You Shi

天然气作为一种储量很大、输送方便、成本低廉、其节能环保、热值较高及燃烧产物对环境污染较小的新型的优质能源，是一种最佳的城镇燃气气源。从全球能源利用的趋势上看，采用天然气作为城镇燃气的主要气源，是一种必然的趋势。在我国十年多来凡是有条件的城市如天津、北京、成都等地，都相继通过将邻近气田的天然气送入市区，作为城镇的燃气气源。

与液化石油气相比，天然气用作城镇燃气时具有以下优点：

1. 天然气比空气轻，它的密度一般是空气的 $0.55 \sim 0.85$ 倍。因此它泄漏后会扩散到空气的上部，不容易聚集在一起，产生爆炸的情况比较低。相反液化石油气的气体比空气重，它的密度一般是空气的 $15 \sim 20$ 倍，因此，它泄漏后会沉积到空气的下部，还可以由高处流向低处，容易积存在通风不好和不易扩散的地方，特别容易发生事故，所以如果室内出现漏气现象，一定要立即开

※ 使用步骤之一

窗以通风换气。但是对于天然气燃具来讲，则要特别注意室内上部的通风；对于液化石油气燃具来讲，则应特别注意室内下部的通风。

2. 天然气和人工燃气一样，都是由管道送到用户家中，但是与人工燃气不同的是不需要像液化石油气那样要用钢瓶装运与使用，用完后还必须换瓶，因而使用起来省时、省力，很是方便。尤其是对于居住在高层建筑的用户，或对于老弱病残的用户来说，其优点就更加突出。当然对于散居的用户居民，采用瓶装的液化石油气由于不受居住区域、地点和条件的限制，因此较为方便。

3. 天然气的主要成分是甲烷（CH_4），在各种烃类分子中，它的碳原子数与氢原子数之比是最小的，而液化石油气的主要成分为丙烷（C_3H_8）、丙烯（C_3H_6）、丁烷（C_4H_{10}）和丁烯（C_4H_8），它们分子中的

碳原子数与氢原子数之比就比甲烷要大。因此，甲烷完全燃烧后生成的烟气中二氧化碳含量最少。意思就是，天然气完全燃烧生成的烟气中的二氧化碳含量，比液化石油气完全燃烧生成的烟气中二氧化碳的量要少很多，对于减缓温室效应的加剧有非常积极的作用。此外天然气中含硫、氮少，生成的烟气中二氧化硫及氧化氮等均较少。因此采用天然气作普遍的家用燃气更有利于保护我们所赖以生存的环境。

4. 一般情况下，用管道输送到城镇的天然气在一段时间内是相对较稳定的。因此，当用户通过调风板（也叫风门）将燃具的火焰质量调节到最佳状态之后，一般就不需要再去改变调风板的开度，很方便，对于充装在钢瓶内使用的液化石油气来讲便是完全不同的。刚开始使用时，由瓶内流出的液化石油气气体中，沸点较低的丙烷、丙烯含量较多；随着使用时间增加，液化石油气气体中沸点较高的丁烷、丁烯含量逐渐增多；最后甚至会在钢瓶内剩下沸点更高、常温下不易气化的残液。因此一瓶液化石油气刚开始使用时，尽管已调好燃具的调风板使火焰质量良好，但经过一段时间后，如果一直没有调节调风板，就可能出现黄焰。出现黄色火焰意味着液化石油气气体中的丁烷、丁烯含量增加，完全燃烧时所需要的空气量也相应增加。此时应开大调风板，以便吸入足够的空气量以满足燃烧需要。

▶ 知识窗

　　天然气作为一种可燃气体，除具有一般燃气的易燃、易爆等共同特点之外，与其他燃气相比，它用作城镇燃气时具有以下特点：

　　（1）具有高热值，约为人工燃气的两倍，甚至更高。也就是说，采用天然气作燃气的燃具与采用人工燃气的燃具相比，当两者的热负荷及热效率相同时，天然气用量约为人工燃气用量的一半。因此，使用天然气作燃气时，成本会比较低。

　　（2）输送到城镇的天然气，一般都已经过净化处理，因此，对人体基本无毒害作用。

▌拓展思考▐

1. 天然气作为城镇燃气的优点在哪里？
2. 为什么要选择天然气作城镇居民的燃气？
3. 为什么不选择用石油作城镇居民的燃气？

天然气民用燃具

Tian Ran Qi Min Yong Ran Ju

在我国，一般都有家用燃气灶、烤箱、燃气饭锅、热水器等民用及公用事业燃气用具这几种。它是通过燃气为燃料进行燃烧与热交换的设备。燃具的推广使用直接体现了气体燃料的优越性，它对人们的生活、城市环境、能源消耗等的影响是十分巨大的。我国出口燃气用具主要是灶具，进口主要以热水器、采暖炉等为主。出口主要输往北美、中东和香港地区；进口燃气用具主要来自德国、日本、韩国和台湾地区。

◎燃气具质量的评价标准

我国 GB65831—86 对质量有非常明确的定义，即"产品、过程或服务满足规定或潜在要求（或需要）的特征和特征总和"。燃具质量简单的定义为：燃具满足规定要求的特征和特征总和。在燃具产品标准中应规定各项度量质量的要求。因此，评价燃具质量有以下几方面：

※燃气灶

（1）安全性：是指产品在制造、储存和使用过程中保证人身与环境免遭危害的程度。它是在国内外市场竞争中的最关键所在。首先是气密性；再者是各种安全保护装置必须能有效工作；另外控制烟气中 CO 含量及噪声不超标都是对保护人身及环境免遭危害的重要指标。

※燃气饭锅

（2）可用性：是燃具在规定条件下完成规定的功能的能力。首先就是要求燃气能正常燃烧并有稳定的火焰。在规定条件下是不允许熄灭的。

（3）耐用性及可靠性：耐用性指标是对燃具主要部件要求的使用次数；而可靠性是指燃具在规定条件下和规定时间内完成规定功能的能力。

（4）经济性：是指燃具的热效率高，有效地节约能源。

（5）可观赏性：在满足安全性、可用性、耐用性及可靠性的前提下，简单大方、美观实用，要适应时代的潮流。

◎检测

（1）燃气用具的输气管道、阀门和配件连接处应严密不漏气，燃气输气系统通入压力为 42 千帕的空气作用下，漏气量应小于 0.07 升/小时；其试验的操作方法是在燃具燃气入口处，用 42 千帕的空气，检测燃具密封阀的气密性。

（2）带有安全装置的燃具，燃气阀门在开启状态下通入压力为 42 千帕的空气，漏气量应小于 0.55 升/小时；用 42 千帕的空气检测燃具中起控制作用的阀门的气密性（用泄漏仪检测）。

（3）燃具从燃气阀门后的入口至燃烧器火孔，在燃气额定压力（15P）点燃，不向外泄漏；点燃全部燃烧器，从燃具旋塞阀到燃烧器火孔，用检漏液试验。

◎燃烧工况

（1）火焰传递：要求在点火后，火焰在 4s 内传递到燃烧器的每个火孔，不会出现爆燃现象；点燃主燃烧器一处火孔后，试验火焰传递到全部火孔的时间和有无爆鸣，点火方法按各燃具标准规定进行。

※天然气的蓝色火焰

（2）离焰：离焰这种情况是不允许出现；试验方法是在冷态点燃主燃烧器 15 秒后，目测 1/3 火孔离焰即为离焰。

（3）熄火：在燃烧中出现熄火现象是不允许的；试验方法是在主燃烧器点燃 15 秒后，目测每个火孔是否都有火焰。

（4）火焰均匀性：主要是检测燃具在燃烧时的火焰状态；在主燃烧器点燃后，目测火焰是否清晰、均匀、有无连焰的现象出现。

（5）回火：当可燃气体混合物在燃烧火孔的出口速度小于回火极限

时，火焰会缩回火孔；其试验方法是在主燃烧器点燃 20 分钟后，目测火焰是否回火。

(6) 燃烧噪声：应<65 分贝；试验方法是全部燃烧器点燃 15 分钟后，测试包括燃烧噪声在内的最大噪声。具体操作要求按 GB/T16411—1996 进行。

(7) 熄火噪声：应<85；试验方法按 GB/T16411—1996 进行。

(8) 干烟气中一氧化碳含量：民用燃具燃烧烟气中的 CO 含量应小于 0.05%，其规定值是在过剩空气系数 a=1 时的干气中的 CO 含量。其试验方法按 GB16410—1996 和 GB/T16411—1996 进行。

(9) 黄焰与黑烟：当出现空气不足的情况时，火焰中会有黄焰出现；当空气不足的情况加重的话，会使黄焰加大，与此同时会产生黑烟。这种现象导致的情况是会使烟气中 CO 含量超标污染环境；黑烟会使锅底与热交换器结碳，影响传热效果及用具的寿命。试验方法按 GB16410—1996 和 GB/T16411—1996 进行。

(10) 点火燃烧器火焰燃烧稳定性：是测试其有无熄火和回火现象；试验方法按 GB16410—1996 和 GB/T16411—1996 进行。

(11) 点火器的着火率及性能：要求点 10 次有 8 次以上点燃，不得连续 2 次失效，且无爆燃。

◎安全装置

(1) 熄火保护装置：规定开阀时间 45 秒以内；闭阀时间 60 秒以内。测试按 GB/T16411—1996 进行。

(2) 缺氧保护装置：小空间使用大燃气流量燃具时，会由于燃烧而消耗过量的氧气，这会造成空间空气中氧气含量降低，致使燃烧不完全，使烟气中 CO 含量严重超标。当热水器的排烟道或空气吸入口堵塞时，造成排烟不畅或空气供给不足时，也会促使烟气中 CO 含量超标，加重污染。一般当供给热水器的空气中氧含量低于 17% 或烟气中 CO 超过标准时，缺氧保护（或将防止不完全燃烧）装置即应启动，切断燃气，防止事故。日本标准要求 $Coa=1$ 小于 0.14%，故要求 $Coa=1=0.14\%$ 时，防止不完全燃烧装置应关闭燃气阀。

◎燃烧方式

工业燃烧器燃烧方式分为两种：直焰燃烧与平焰燃烧。

直焰燃烧与民用燃烧器具有一样的特性，半预混或全预混的混合气体喷出火焰出口后会直接燃烧。

平焰燃烧是燃料与燃烧所需全部空气在喷射器内预混后，经由一个蜗壳旋流器（旋流器内压力始终大于回火压力），使混合气体产生高速旋流，紧挨着旋流器的出口处，设置有一个喇叭口形状的烧嘴砖。利用流体流动时紧贴管道外壁（附壁效应）的特点，高速旋转流动的气流在喇叭口处也沿着喇叭口附壁展开并开始燃烧，形成圆盘型火焰。在火焰的中心，有相当于火焰直径 1/2 的负压区。

以燃料消耗 10 标准每方米/小时的平焰燃烧器为例，圆盘型火焰直径 600 毫米，火焰厚度＜50 毫米。然后通过热辐射最终将热量传递出去。

在正常情况下，火焰直接加热（对流传热）热效率≈0.3；辐射传热热效率≈0.8。目前民用燃烧器都是采用火焰直接加热（对流传热）的。

还有那个火焰中心的负压区，它的作用是利用负压，将燃烧所产生的烟气席卷进去进行二次燃烧。

◎天然气燃烧时有害气体

天然气不完全燃烧产生的有害物质，主要是氮氧化物（NxO）和一氧化碳（OC）。其中 NxO 是破坏臭氧层的主要物质，尤其是高温 NxO，只有在高温条件下（1200°）才能分解。

烟气中 NxO 浓度，西方国家几十年前就已经有了标准控制，我国"十二五规划"中，也已将控制 NxO 排放浓度列进计划中。

工业燃烧器的烟气排放中 NxO 浓度，只有平焰燃烧器与新型的高温贫氧燃烧装置能达到标准（烟气二次燃烧时，分解了大部分高温 NxO 产物）。

◎烟气利用

一旦进行燃烧，烟气的产生就是不可避免的。这种烟气不仅会对大气造成很严重的污染，还会造成大量的燃料浪费。所以工业上都是将这部分烟气利用来预热助燃空气。据估算，助燃空气每提高温度 100°，即可节约燃料 5%。

直至 20 世纪 90 年代末，国外研制出了高温贫氧燃烧技术。利用燃料在超过某一特定温度时，燃烧的进行不需要很多的氧气来维持的特点，通过特殊方式，一是将助燃空气温度提高到这种特定温度，二是将助燃空气中掺入部分烟气，使氧气含量降低（在特定温度下，燃烧只需要 3%～

15％的氧气）。这种混合进来的烟气，对助燃空气温度的提高很有帮助，更重要的是要将烟气进行二次燃烧，以此来减少烟气排放中的有害气体浓度。

◎理想民用燃气灶

（1）从空气供应量上，采用更有效的新型喷射器或者多级喷射，一次空气提供量达到100％，达到真正的全预混，且所提供空气量的多少，是严格依据空气系数自动调节的。

（2）增加蜗壳旋流器与喇叭口形烧嘴砖，将直焰燃烧改为平焰燃烧，将直焰对流传热改为平焰辐射传热。

（3）采用特殊装置，在助燃空气中掺加进少量的烟气，以提高助燃空气温度和造成烟气二次燃烧。

按理论的计算，这种民用燃气灶，可以节约燃料30％以上，烟气排放中有害气体浓度将会降低40％以上。

▶知 识 窗

·包装储运·

（1）包装应安全、牢固，便于长途运输，箱体外应标明产品名称、型号以及"小心轻放，请勿倒置，防潮、防震"等字样，箱内应附有产品附件清单、合格证和安装使用说明书。

（2）运输时应防止剧烈震动、挤压；严禁野蛮装卸，禁止滚动和抛掷。

（3）严禁雨淋及化学物品的侵蚀，应储存在干燥通风、无腐蚀性气体的仓库。

拓展思考

1. 天然气作民用燃气的好处是什么？

2. 我们平常用的天然气燃具有哪些？

3. 理想的民用燃气灶是怎样的？

天然气汽车

Tian Ran Qi Qi Che

◎按天然气燃料状态分类

按照所使用天然气燃料状态的不同，天然气汽车可以分为：

压缩天然气（CNG）汽车。压缩天然气是指压缩到207～248兆帕斯卡的天然气，储存在车载高压气瓶中。压缩天然气（CNG）是一种无色透明、无味、高热量、比空气轻的气体，主要组成成分是甲烷，由于组分简单，能

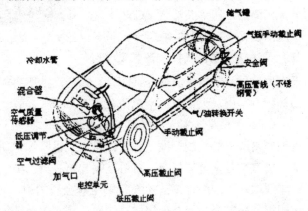

※天然气汽车设备

够很好地进行完全燃烧。由于燃料含碳少，抗爆性良好，而且不稀释润滑油，能够有效地延长发动机的使用寿命。

液化天然气（LNG）汽车。液化天然气是指常压下、温度为－162℃的液体天然气，储存于车载绝热气瓶中。液化天然气（LNG）燃点高、安全性能强，适于长途运输和储存。

液化石油气（LPG）是一种在常温常压下为气态的烃类混合物，比空气重的气体，有较高的辛烷值，液化石油气具有混合均匀、燃烧充分、不积炭、不稀释润滑油等很显著的优点，对于延长发动机的使用寿命有很好的作用，而且具有一次载气量大、行驶里程长的优点。

目前世界上使用较多的是压缩天然气汽车。

认识我们身边的天然气

◎按燃料使用状态分类

专用燃料天然气汽车：发动机的燃料只能是天然气。

两用燃料天然气汽车：无论是汽油还是天然气都可以作为燃料。

双燃料天然气汽车：可以同时使用液体燃料和天然气。

◎天然气汽车基础知识

※天然气汽车

汽车使用的天然气除被压缩到高压以外，与民用和工业用天然气基本上是相同的。压缩天然气（CNG）是指压缩到 207－248 兆帕斯卡的天然气。天然气通过售气机，按重量（以千克为单位）或当量汽油升（GLE，以与汽油所含能量相等为基础）计量后加到汽车中。天然气的辛烷值在 122～130 之间。

CNG 气瓶是压缩天然气汽车的主要设备之一。气瓶的设置和生产都遵循非常严格的控制标准。按照材料组成，CNG 车用气瓶可以分为四类：第一类气瓶是全金属气瓶，材料是钢或铝；第二类气瓶采用金属内衬，外面用纤维环状缠绕；第三类气瓶采用薄金属内衬，外面用纤维完全缠绕；第四类气瓶完全是由非金属材料制成，例如玻璃纤维和碳纤维。

很多人认为由于天然气积碳少，机油更换的次数就可以比以往少一些，甚至例行的维护也可以少做一些，但我们认为要对汽车、发动机和改装系统做定期维护才可以保障天然气汽车与汽油车和柴油车相比来说具有更好的性能。

天然气汽车主要由以下部件组成：减压器，混合器或喷规；开环仿真器 1 套或燃气电脑 1 只；转换开关总成 1 套；动力调节阀或天然气过滤器 1 只；高压钢管 φ6×1：0.8KG；导气管 1 只；排气管 1 米；稳固件包 1 包；低压管 φ19：1 米；低压管 φ1603 米；卡箍 φ16－274 只；卡箍 φ22－φ321 只；卡箍 φ341 只；充气阀 1 只。气瓶及气瓶支架 1 组。

◎天然气汽车优缺点

（1）天然气汽车是环保节能的高效燃料汽车。天然气汽车与用汽油作为燃料的汽车相比，它所产生的污染物要低很多，在排放尾气中不含硫化物和铅，一氧化碳降低 80%，碳氢化合物降低 60%，氮氧化物降低 70%。因此许多国家已将发展天然气汽车作为减缓日益严重的温室效应和大气污染问题的重要措施。

（2）天然气汽车有显著的经济效益。用天然气作为燃料可降低汽车营运成本。就当今的局面来看，天然气价格要比汽油和柴油的价格低得多，燃料费用一般节省 50% 左右，这样可以使营运成本大幅降低。由于存在油气差价，改车费用可在一年之内收回，同时还可以节省大量维修所需的费用。发动机使用天然气做燃料，运行平稳、噪音低、不积炭，更能延长发动机使用寿命，不需经常更换机油和火花塞，可节约 50% 以上的维修费用。

（3）比汽油汽车更安全。首先与汽油相比，天然气作为燃料要安全得多。这表现在：

①燃点高，天然气燃点在 650℃ 以上，比汽油燃点（427℃）高出 223℃，所以与汽油相比不易点燃，出事故的可能性比较低。

②密度低，与空气的相对密度为 0.48，泄漏气体很快在空气中散发，在空气上层中飘散，而且不易集聚在一起，难以达到遇火燃烧时所需要的浓度。

③辛烷值高，可达 130，比目前最好的 96 号汽车辛烷值高得多，有很好的抗爆性。

④爆炸极限窄，仅 5%～15%，在自然大气条件下，不容易形成这一条件。

释放过程同时也是一个吸热过程。当压缩天然气从容器或管路中泄出时，泄孔周围会迅速形成一个低温区，在低温条件下，天然气是不易燃烧的。

其次，压缩天然气汽车所用的配件比汽油车会有更高的要求。表现在如下几方面：

①国家对的天然气汽车技术标准颁布了十分严格的规定，从加气站设计、储气瓶生产、改车部件制造到安装调试等，每个环节都形成了严格的技术标准。

②在安全保障措施的设计问题上有很严密的考虑，对高压系统使用的零部件，安全系数高，在减压调节器、储气瓶上安装有安全阀，控制系统中，安装有紧急断气装置。

③储气瓶出厂前要进行严格的特殊检验。气瓶经常规检验后，还需充

气作火烧、爆炸、坠落、枪击等试验，全部合格后，才可以出厂使用。

中外发展天然气 60 年来，从未出现过因天然气爆炸、燃烧而导致车毁人亡的事件，压缩天然气汽车有着十分可靠的安全性能。

（4）CNG 汽车的动力性略有降低。在燃用天然气时，动力性略下降 5％～15％。

（5）改装一次费用比较大。目前，改装一辆 CNG 汽车大约需 1 万元左右。

▶知识窗

压缩天然气（CNG）汽车燃料系统通常包括：天然气气瓶、减压调压器、各类阀门和管件、混合器（或者天然气喷射装置）、各类电控装置等。

拓展思考

1. 天然气汽车的构造是怎样的？
2. 天然气的优点是什么？
3. 天然气汽车的经济效益如何？

认识我们身边的天然气

城镇民用天然气安全设计

Cheng Zheng Min Yong Tian Ran Qi An Quan She Ji

通过使用城镇民用的燃气安全联锁设计，可以很有效地对民用燃气系统中燃气泄漏及时报警并联锁切断供气线路控制阀门，以此来避免引起火灾、爆炸等重大事故的发生。以新建生产指挥中心厨房操作间为项目背景的条件下，进行安全连锁设计。

安全联锁设计通过可燃气体报警器、报警控制器、切断阀等三种仪表实现联锁报警功能，安全联锁设计主要包括：仪表选型、设计注意事项和联锁控制等三部分内容。对城镇民用燃气进行安全联锁设计，大大降低了由于燃气泄漏造成的重大事故发生的概率，为以后同类设计提供了优良的借鉴。

随着现在的经济水平的大幅度提高，人民的生活也在不断地完善，城镇民用燃气应用范围也随之不断增加。在使用民用燃气的过程中，如果发生泄漏就会引起火灾、爆炸等重大事故。为了避免发生此类事故，需要对可能泄露燃气的地点通过可燃气体报警器进行检测、报警，并且由报警控制器联锁自动切断燃气线路控制阀门，将险情排除。

※燃气报警器

◎可燃气体报警器原理

可燃气体报警器由两部分组成：检测和声光报警器。可燃气体报警器检测部分的原理是仪器的传感器采用检测元件与固定电阻和调零电位器构成检测桥路。桥路以铂丝为载体催化元件，通电后铂丝温度上升直至工作温度，空气会以自然扩散方式或其他方式到达元件表面。当空气不存在可燃性气体时，桥路输出为零，当空气中含有的可燃性气体扩散到检测元件上时，会受催化作用产生无焰燃烧，致使检测元件温度升高，铂丝电阻增大，使桥路失去平衡，从而有一电压信号输出，这个电压的大小与可燃性气体浓度是成正比的，信号经放大，模数转换，通过液体显示器显示就可以把可燃性气体的浓度显示出来；声光报警器的原理是当被测可燃性气体浓度超过限定值时，经过放大的桥路输出电压与电路探测设定电压，通过电压比较器，方波发生器输出一组方波信号，控制声、光探测电路，由蜂鸣器发出警报的声音，发光二极管闪亮，发出探测信号。

◎可燃气体报警器选型依据

（1）报警器的防爆等级应在危险区的防爆等级的范围内。根据被检测的可燃性气体的类别、级别、组别选择检测器的防爆等级（类别、级别、组别不应低于使用场所被检测气体的类别、级别、组别）。

（2）可燃气体报警器一般选用催化燃烧型（宜选用隔爆型），由于有催化剂促进燃烧反应进行，催化剂中毒问题就会随之产生，不要在含有硫或者卤化物的环境中使用，或者选用抗毒化的报警器。或者选用其他类型的检测器也是可行的。

（3）根据现场情况，宜选择非接触式（磁棒式或遥控式），无需开盖即可进行现场校验。

（4）报警器有零漂和寿命问题，要定期地做校验和维护，并保持扩散口的随时畅通。

◎报警控制器选型依据

（1）声报警信号能手动消除，再次有报警信号输入时仍能发出报警；（2）电源电压发生±10％变化时，指示报警精度不得降低；（3）报警控制器应具有联锁保护用的开关量输出功能；（4）报警控制器应具有相对独立、相互之间不受影响的报警功能，并且可以区别和识别报警场所位号；（5）报警控制器应具有通过通讯线实现与上位机进行通信的功能。

设计选用 8 通道壁挂式报警控制器，该控制器具有以下特点：

（1）通道卡可接收 4～20 毫安信号和开关量信号（带检线功能）输入；

（2）可配接可燃气体探测器、有毒有害气体探测器、氧气探测器、火焰、烟感探测器等各种设备；

（3）数据单位可选择 PPM、LEL、％VOL、空白；

（4）通道数量 1～8 可选；

（5）通道卡可以独立的显示各通道监测信息，具备 4 位有效浓度数字显示，精度达 0. 000～9999；

（6）主控卡中文液晶操作界面，可集中监管显示通道的系统信息，并提供整机报警、故障继电器输出；

（7）主控卡可通过 RS－485 与上位机通信；

（8）通道卡和主控卡均可进行数据设置和查询；

（9）每通道三级报警值设定，不同声光信号指示不同报警级别；

（10）报警模式包括上升报警，下降报警，上下限报警 3 种，不同的探测器可以采用不同的报警模式；

（11）每通道 3 个无源继电器输出，5 安/250 伏，对应三级报警及故障可选；

（12）每通道独立输出对应 4～20 毫安模拟信号。

城镇民用燃气安全联锁设计可以满足城镇燃气对安全的需求，其稳定性，准确性和可靠性达到了设计指标。

▶知 识 窗

设计选用可燃气体报警器，该报警器具有以下特点：

（1）采用高灵敏气体传感器，抗中毒性好，抗干扰能力强；

（2）自动零点、灵敏度校准，自动曲线补偿；

（3）故障自动监测；

（4）超量程限流保护、反极性保护；

（5）节能、功耗小、带负载能力强；

（7）输出 4～20 毫安标准信号；

（8）可直接接入 DCS/EDS/PIC/RTU 控制系统；

（9）可接防爆声光报警器；

（10）与传统可燃气体报警器比较，传感器为可拆卸式，当传感器出现故障时，可在现场对传感器进行更换，不需要更换整个可燃气体报警器，能节约大量维护成本。

▌拓展思考▐

1. 天然气的安全设计有什么好处？

2. 燃气报警器的作用是什么？

天然气发电

Tian Ran Qi Fa Dian

◎然气发电设备

燃气发动机的最关键技术在于燃烧室、点火正时、空燃比、水温、甲烷值、点火系统、排放性能、燃烧效率和控制系统等方面。在技术领域我国公司与国外公司深度合作，成立了研发中心，看准了天然

※天然气发电厂

气在未来的发展趋势，推出了燃气发电机组，目前大多应用于天然气、煤层气（瓦斯）、垃圾填埋和生物质燃气发电等领域。

▶ 知 识 窗

环保性：燃气发动机的排放标准是比较高的。燃气机组排放全面达到或超过欧Ⅳ标准，更环保，更节能。

经济性：综合利用燃气发电，成本远远低于采用柴油和重油发电，也低于市电价格，如果将排放出的热能加以综合利用，则会更进一步降低成本。

节能性：发电效率更高。进口燃气机组发电效率最高可以达到40%，远远大于低端品牌32%的水平。

可靠性：适应于低浓度甲烷；设备运行更稳定，在正常情况下，维修周期大幅延长。

安全性：采用专利技术的电脑模块控制，技术水平达到国际领先，更多的控制系统、检测系统和保护系统确保机组安全运行。

▌ 拓展思考 ▐

1. 天然气发电设备有什么优点？
2. 我国现在利用天然气发电的设备多吗？

认识我们身边的天然气

燃气发电机

Ran Qi Fa Dian Ji

为了适应世界环保要求和市场新环境而开发的燃气发电机组是一种新型的发电机组。天然气发电机组主要分为两种，一种是联合循环燃气轮机，一种是燃气内燃机。燃气轮机功率比较大，大多应用在大、中型电站，燃气内燃机功率比较小，主要用在小型的分布式电站。它是取代燃油、燃煤机组的新型绿色环保动力。燃气发电机组可以充分的利用各种天然气或有害气体作为燃料，废物回收、安全节能，成本效益高，环保洁净，并适宜热、电联产等优点，市场前景不可估量。

我国有着含量丰富的天然气资源，与我国丰富的天然气储量相对来说，天然气在我国一次能源消费中所占的比例显得微乎其微，未来具有大幅上涨的潜力。

※燃气发电机

在我国，由于受到天然气供应的影响，天然气发电仍在启蒙阶段。真正大面积的天然气发电作为分布能源站还要些许时日才可以实现。现在的小规模天然气发电主要是在油田、气田以及机场、酒店、医院等。由此情况，我们可以认识到，随着天然气供应量的不断增加、供应范围的不断扩大，天然气发电这个庞大的工程在我国会有一个很好的发展。

◎优点

燃气发电机组具有输出功率范围广，启动和运行可靠高、发电质量好、重量轻、体积小、维护简单、低频噪声小等显著优点，一般它们具有以下三个优点：

（1）发电质量好。由于发电机组工作时只有旋转运动，电调反应速度快，工作状态特别平稳，发电机输出电压和频率的精度高，波动小，在突加空减 50％和 75％负载时，机组集腋成裘驼行也是非常稳定的。各方面均优于柴油发电机组的电气性能指标。

（2）启动性能好，启动成功率高。从冷态启动成功后到满负载的时间仅为 30 秒钟，而国际规定柴油发电机启动成功后 3 分钟带负载。无论在什么环境或者气候下燃气轮发电机组都可以保证启动的成功率。

（3）噪声低振动小。由于燃汽轮机处于高速旋转状态，它的振动非常小，而且低频噪声优于柴油发电机组。

（4）采用的可燃性气体是环保经济的能源。诸如瓦斯气、桔梗气、沼气等，以它们为燃料的发电机组不仅运行可靠，价格低廉，而且能变废为宝，不会对大气造成污染。

◎维护和保养

要保证机组的可靠运行就一定要做好定期的保养和维护。在正常使用的情况下，保养工作要按照规定的日保养、周保养、月保养要求进行。通过这些定期的规定的检查和保养，才能及时发现机组是否存在声音异常、动作异常、外观异常、温度异常、压力异常和气味异常等故障现象，从而及时对机组进行检查和调整，进而有针对性的加以解决，确保机组的运行状态是最佳的状态。在这些保养要求中，要特别注意以下三个方面的检查和保养：

（1）润滑系统的检查和保养。该种类型机组由于存在运转部件多，运转部件工作条件恶劣，大多处在高温、高冲击载荷状态下，需要润滑的部位是比较多的，对润滑系统的可靠性要求也是比较严格的，因此要注意检查润滑油系统的油质情况、油位情况、油温和油压情况，注意离心滤清器和机油滤清器的清洗，避免出现因润滑不良造成的机组零部件磨损加剧，缩短机组零部件的使用寿命，使维护的工作量增大。

（2）空气过滤器的检查和保养。空气过滤器如果运转良好的话，会很有效地避免因进气阻力大引起的增压压力下降过大，进而造成涡轮增压器出现漏油现象；还可避免因流量减少引起的涡轮增压器压气机喘振现象。因此定期清理空气过滤器，必要时更换新滤芯是必不可少的程序。在潮湿地区可将纸质滤芯抽掉。

（3）相关间隙和角度的检查及调整。主要是火花塞间隙、气门间隙和配气定时等的检查和调整。

机组运行一段时间后，火花塞的间隙会渐渐增大，这种现象是正常

认识我们身边的天然气

的。以泰州市兆航机电设备有限公司生产的设备为例，当间隙增大到0.89mm时，火花塞就会出现失火现象，造成机组运行不稳，甚至会导致停车的情况出现，所以应定期检查和调整，同时消除火花塞及其螺纹处出现的积炭，确保其好用。另外，在经长时间运转后，机组会由于配气机构的磨损和松动等原因，引起气门间隙有所变化，所以应当定期检查并调整气门间隙。配气定时在正常情况下不需要进行调整，当机组各缸工作状态有一场情况出现时，应首先检查指针上止点指示位置是否正确，检查传动系统各齿轮传动记号是否对准，整个系统的装配关系及气门间隙是否正确。若经检查调整后，仍与规定值差异较大时，则应考虑凸轮轴或齿轮传动件有无损坏现象，在必要的时候应进行修复或更换。

对维修工具加以改进，对设备进行改造，提高检修效率。

该 G12V190ZLT－2 型内混式气体发动机是针对炼化尾气含氢量高的特点而设计的，它采用的是机械内混方式，定时地打开燃气阀将可燃气体喷入气缸，使燃气与空气在缸内混合，进行燃烧。这样通过增压器、进气管的气体始终是不可燃的纯空气，回火的问题就可以避免了，解决了炼化尾气中由于含氢量高而容易造成进气管内爆炸的危险。但是，由于炼油厂回收的瓦斯中含有 H_2S 和 NH3，安装在燃料气管线上的调节阀阀芯和腔体也发现有 NH_4HS 结晶。当瓦斯中混有凝结的液体碳氢化合物并进入燃料系统时，因为液体碳氢化合物爆燃释放出大量的辐射热，使相关与高温烟气接触的部件因暴露在过高温度条件下从而受到损坏。由于爆燃现象时有发生，机组的活塞、气缸、进排气门、进排气门座等也会频繁的出现故障，使用寿命降低，有相当大的维护量。由于安装活塞时是采用随机带的环夹，由两个半圆环通过一个销轴连接而成，销轴处的一个半圆环上焊有一个把手，两个半圆环另一侧各焊有一个把手。将活塞环并拢，以此来保证活塞组可以顺利地进入气缸内。在使用过程中我们发现：使用环夹时维修人员在安装的整个过程中必须一方面通过握紧环夹销轴另一侧两个把手来保证环夹处在并拢状态，另一方面还要注意机体上的螺栓不会妨碍环夹两侧把手的下落，不易安装，十分费力。

为了使安装更为快捷方便，我们利用报废的缸套加工了一个锥套，锥套的内外径基本按照缸套的原有尺寸不变，仅仅在顶部加工一段 20 毫米长的锥面，并在锥面与内孔交界处倒一个大圆角，这样做的目的是方便活塞环能顺利压入锥套。在把活塞安装到气缸之前就把锥套套在活塞环处，使全部活塞环都处于正常使用时的压缩状态，安装时仅仅需要先把活塞裙

第五章 天然气的生活应用

TIANRANQIDESHENGHUOYINGYONG

部放在气缸内，接着做出小部分的调整，使气缸与锥套同心，再轻轻用手缓缓地将活塞推入到气缸内。这样不仅使劳动强度降低，同时又提高了安装效率。

◎燃气发电机组的噪声处理

燃气发电机组由燃气发动机、发电机、控制柜等各部件组成，燃气发动机与发电机安装在同一个钢制底盘上。机组以天然气、井口伴生气、煤矿瓦斯气、水煤气、炼化尾气、沼气、焦炉煤气、高炉煤气等可燃性气体为燃料，启动迅速，经济性好，特别是由于高质量城市生活的需求，燃气发电机组已广泛应用于电信、邮局、银行、图书馆、医院、宾馆等部门，作为后备电源。最初燃气发电机组是针对矿场工况进行设计的，机组运行时产生的噪声一般为95～110分贝。GB3096－93城市区域环境噪声标准对市区的噪声状况进行了严格的规定，对于2类区域（居住、商业、工业混杂区）昼间为60分贝，夜间为50分贝；对于1类区域（居住、文教机关区）昼间为55分贝、夜间为45分贝。机组运行时产生的噪声给城市环境带来了严重的噪声污染，给人们正常的工作和生活带来了极大的影响，正是由于这一原因在一定程度上限制了燃气发电机组的广泛应用。针对燃气发电机组噪声污染问题，有关部门提出了一套整改措施，希望可以降低机组所产生的噪声，有利于燃气发电机组的推广应用。

1. 声源分析

燃气发动机工作时所产生的噪声是燃气发电机组的主要噪声来源，燃气发动机噪声可分为空气动力噪声、燃烧噪声、机械噪声、排气噪声和振动噪声。其中空气动力噪声主要包括进、排气和风扇由于旋转而引起的空气振动噪声，这部分噪声是直接向空气中传播的。气缸内燃烧所形成的压力振动通过缸盖，机体向外辐射的燃烧噪声；活塞对缸套的撞击，配气机构、喷气系统等运动部件产生的撞击振动噪声统称为机械噪声。在燃气发动机机组工作的过程中，废气从排气门高速冲出，沿排气气管进入消声器，最终从尾管排入大气中。排气噪声是发动机的最大噪声，往往比发动机主机噪声高15分贝左右，其次分别是燃烧噪声和机械噪声、风扇噪声、进气噪声。

2. 改造设计

由于受燃气发电机组的工作原理的影响，用降低声源噪声的方法来消声的难度很大，所以采用的途径主要是通过阻断其噪声传播途径来道道控制噪声的目的。消声技术的核心就是利用声波在传播中自然衰减的规律去

RENSHIWOMENSHENBIANDETIANRANQI

认识我们身边的天然气

缩小噪声的污染面。具体降低噪声的方法大多为以下几种：吸声、隔声及改变噪声传播方向。在实际的工程应用中往往只采用其中一种即可，本文采用三种方法并用的措施，针对燃气发电机组提出了新型组合降噪技术。

(1) 组合消声器

原来的消声器主要是以阻性消声为主，功耗大，且不能很好的达到消除噪声的目的。经仔细讨论验证，应用三级组合降噪技术，将消声器改造成为新型的组合式消声器。该组合式消声器的主要组成部件有对喷消声减振腔、多孔式消声罩及吸声隔热层和吸声共振板等。声源通过第一级的对喷消声减振腔，可将中低频声源的噪声能量充分进行抗性耗散。二级的多孔式阻性消声罩可消去大部分高频噪声，增加了消声器对高频的适应性，而且在该腔内装有高效吸声材料，可对噪声进行充分的吸收和变向，从而最大限度地消耗噪声能量。第三级为专门设计的带共振板的排气管，进一步通过薄片的振动进行消声。经多次试验得知，新型消声器的消声量、消声频率范围（主要为消声量峰值的频率范围）及阻力损失三大指标均优于原来的消声器。此外该消声器尺寸适宜，结构刚性好，易于安装，并具有抑制再生噪声的优良功能。加上后部的吸声隔音层具有防腐性能，可以有效地克服烟气的低温露点腐蚀，对于延长消声器的使用寿命这一方面有很积极的作用。

(2) 两级隔振衬垫

控制机械噪声和燃烧噪声最有效办法就是对机组进行隔振处理。燃气机、发电机与钢制底盘间装设复合隔振减振垫，底盘与基础之间亦垫上高效减振胶垫。经过两级隔振处理，不仅使机组的振动被有效的隔断，同时更能使机组运行更加平稳，从而达到整体噪声都降低的目的。

(3) 消声排风道

风扇噪声是由旋转噪声和涡流噪声所产生的。旋转噪声由旋转风扇叶片切割空气流产生周期性扰动而引起的。涡流噪声是在旋转叶片截面上发生边界层分离时，气体滑脱或分裂而成的一系列的漩涡流，从而辐射出一种不稳定的流动噪声。排风道是直接与外界相通的，空气流速很大，气流噪声、风扇噪声和机械噪声经此通道辐射出去。为了降低风扇和排风通道所带来的噪声，设计了一个消音排风道用来降低噪声。这个消音排风道长度较大，由导风槽和排风降噪腔组成。排风降噪腔的工作原理，与阴性消声器的工作原理基本相似。可通过更换吸音材料（改变材料的吸音系数），改变吸音材料厚度、排风通道长度和宽度等参数来提高消音效果。

(4) 消声进气道

机组在封闭的机房里面进行运转，就广义上来看，进气系统包括机组的进风通道和发动机的进气系统。进风通道和排风通道也是一样直接与外界相通，空气的流速很大，气流的噪声和机组运转的噪声都经进风通道辐射到外面。发动机进气系统的噪声是由进气门周期性开闭而产生的压力波动所形成，其噪声频率一般处于 500Hz 以下的低频范围。在机房墙上设置了两个消声进气道，分别作为机房的进风口和发动机的进气口。由于排风造成的室内负压，迫使冷空气受到压力经由消声进气道进入机房内，从而达到将机体散发的热量顺利排出的目的，从而保证了机房内有足够的新鲜空气。

▶ 知 识 窗

当有故障发生时，注意要从故障现象分析故障原因，结合原理分析结构，由外到内，先易后难。发生故障时应首先考虑以下三个问题：

(1) 故障发生前出现什么现象？

(2) 故障发生前进行过哪些保养、检修工作？

(3) 以前是否遇到类似的情况？怎么处理的？

另外，当机组允许在运行中判断问题所在时，在运行中判断也是可以的。例如：机组运行时若发现排温过高或某一缸排温突然变化大，应首先在设备运转状态下检查各缸燃气调节阀有无松动现象，若排除燃气调节阀没有松动后问题还没有解决的话，应停机检查其点火系统。例如：火花塞和点火线圈等是否存在问题；若有排温异常的现象出现的话，则要区分是单缸还是整体排温异常，如果是单缸异常，则首先应考虑是不是仪表显示不正常所造成的，可采用测量热电动势或倒线的方式加以排除；如果是整体异常，应考虑气体浓度是否发生了变化或是否存在点火不良。排除故障时，若没有什么较为有效的方法解决问题时，可以采用置换法。

例如：当怀疑点火控制器出现故障时，检查和调整时需将点火控制器连接到PC 电脑或专用手提编程器上进行调整，但基本上维护单位都不会配置这些检测设备，这时就可以把其他备用设备上的点火控制器拆过来装上后开机运转，可以通过观察类似的故障现象是否再次发生来判断是不是点火控制器损坏。

| 拓展思考 |

1. 燃气发电机的作用是什么？

2. 在我国燃气发电机的应用范围广吗？

3. 如何处理燃气发电机所产生的噪声？

安全管理
An Quan Guan Li

◎总则

第一条：为了加强城市燃气的安全管理，保护人身和财产安全，制定本规定。

第二条：本规定所称城市燃气，是指供给城镇居民的生活、生产等所使用的天然气、液化石油气、人工煤气（煤制气、重油制气）等气体燃料。

第三条：城市燃气的生产、储存、输配、经营、使用以及燃气工程的设计、施工和燃气用具的生产，要一律遵守本规定。

第四条：根据国务院规定的职责分工和有关法律、法规的规定，建设部负责管理全国城市燃气安全工作，劳动部负责全国城市燃气的安全监察，公安部负责全国城市燃气的消防监督。县级以上地方人民政府城建、劳动（安全监察）、公安（消防监督）部门按照同级人民政府规定的职责分工，共同负责本行政区域的城市燃气安全监督管理工作。

第五条：城市燃气的生产、储存、输配、经营和使用，必须贯彻"安全第一、预防为主"的方针，对于燃气使用的安全问题要给予很大的重视。

第六条：城市燃气生产、储存、输配、经营单位应当指定一名企业负责人主管燃气安全工作，并设立相应的安全管理机构，配备专职安全管理人员；车间班组应当设立群众性安全组织和安全员，形成三级安全管理网络。单位用户应当确立相应的安全管理机构，要有专人负责。

第七条：城市燃气生产、储存、输配、经营单位一定要严格遵守有关安全规定及技术操作规程，并且建立起健全相应的安全管理规章制度，并严格执行。

◎城市燃气工程的建设

第八条：城市燃气厂（站）、输配设施等的选址，必须符合城市规划、消防安全等要求。在选址审查时，应当征求当地的城建、劳动、公安消防部门的意见。

第九条：城市燃气工程的设计、施工，必须由持有相应资质证书的单位承担。

第十条：城市燃气工程的设计、施工，必须严格按照国家或主管部门有关安全的标准、规范、规定进行。审查燃气工程设计时，应当有城建、公安消防、劳动部门参加，并对燃气安全设施严格把关。

第十一条：城市燃气工程的施工必须保证质量，确保有安全的可靠性。竣工验收时，应当组织城建、公安消防、劳动等有关部门及燃气安全方面的专家参加。凡验收不合格者，均不能交付使用。

第十二条：城市燃气工程的通气作业，必须有严格的安全防范措施，并在燃气生产、储存、输配、经营单位和公安消防部门的监督配合下进行。

◎城市燃气的生产、储存和输配

第十三条：城市燃气生产单位向城市供气的压力和质量必须符合国家规定的标准，无臭燃气应当按照规定进行加臭处理。在使用发生炉、水煤气炉、油制气炉生产燃气及电捕焦油器时，其含氧量必须符合《工业企业煤气安全规程》的规定。

第十四条：对于制气和净化所使用的原料，应当按批进行质量分析；原料品种作必要变更时，应当进行分析试验。凡达不到规定指标的原料，一律不能投入使用。

第十五条：城市燃气生产、储存和输配所采用的各类锅炉、压力容器和气瓶设备，必须符合劳动部门颁布的有关安全管理规定，按要求办理相应的使用登记和建立档案，并定期检验；其安全附件必须齐全、可靠，而且定期校验。凡有液化石油气充装单位的城市，必须设置液化石油气瓶定期检验站。气瓶定期检验站和气瓶充装单位应当同时规划、同时建设、同时验收运行。气瓶定期检验工作不落实的充装单位，一概不得从事气瓶充装业务。气瓶定期检验站须经省、自治区、直辖市人民政府劳动部门审查批准，并取得资格证书后，才有资格从事气瓶检验工作。

第十六条：城市燃气管道和容器在投入运行前，必须进行气密试验和置换。在置换过程中，应当定期巡回检查，加强监护和检漏的程序，确保安全无泄漏。对于各类防爆设施和各种安全装置，要加强安全防范意识，

104

定期的进行检查，并要配备足够的备用设备、备品备件以及抢修人员和工具，保证其灵敏要可靠。

第十七条：城市燃气生产、储存、输配系统的动火作业应当建立明确的分级审批制度，由动火作业单位填写动火作业审批报告和动火作业方案，并按级向安全管理部门申报，取得动火证后方可实施。在动火作业时，在作业点周围采取保证安全的隔离措施和防范措施是必不可少，是非常重要的。

第十八条：城市燃气生产、储存和输配单位应当按照设备的负荷能力组织生产、储存和输配。遇到特殊情况需要强化生产时，必须进行严谨的科学分析和技术验证，并经企业总工程师或技术主管负责人批准后，才可以调整设备的工艺参数和生产能力。

第十九条：城市燃气生产、储存、输配经营单位和管理部门必须制定停气、降压作业的管理制度，包括停气、降压的审批权限、申报程序以及恢复供气的措施等，并指定技术部门负责。涉及用户的停气、降压工程，供气一般不适宜在夜间恢复。除非发生了紧急事故外，停气及恢复供气之前应当通知各用户。

第二十条：任何单位和个人严禁在城市燃气管道及设施上修筑建筑物、构筑物和堆放物品。确需在城市燃气管道及设施附近修筑建筑物、构筑物和堆放物品时，必须符合城市燃气设计规范及消防技术规范中的有关规定。

第二十一条：凡在城市燃气管道及设施附近进行施工，对管道及设施安全运营有影响的，施工单位一定要事先通知城市燃气生产、储存、输配、经营单位，经双方商定保护措施后方可施工。施工过程中，城市燃气生产、储存、输配经营单位应当根据需要进行现场监护。施工单位应当在施工现场设置明显标志严禁明火，同时要保护保护施工现场中的燃气管道及设施。

第二十二条：城市燃气生产、储存、输配经营单位应当对燃气管道及设施定期进行检查，一旦发现管道和设施有破损、漏气等情况出现时，必须及时修理或更换，避免意外事故的发生。

◎城市燃气的使用

第二十三条：单位和个人使用城市燃气必须向城市燃气经营单位提出申请，经许可后方可使用。城市燃气经营单位应当建立明确的用户档案，

认识我们身边的天然气

与用户签订供气、使用合同协议。

第二十四条：使用城市燃气的单位和个人需要增加安装供气及使用设施时，必须经城市燃气经营单位批准方可使用。

第二十五条：城市燃气经营单位必须制定明确的用户安全使用规定，对居民用户进行定期的安全教育，定期对燃气设施进行检修维护，并提供咨询等系列服务；居民用户应当严格遵守安全使用规定。城市燃气经营单位对单位用户要进行安全检查和监督，并负责其操作和维修人员的技术培训。

第二十六条：使用燃气管道设施的单位和个人，均不得擅自拆、改、迁、装燃气设施和用具，严禁在卧室安装燃气管道设施和使用燃气，禁止擅自抽取或采用其它不正当手段使用燃气。

第二十七条：用户不得以任何原因任何方式加热和摔、砸、倒卧液化石油气钢瓶，更不得自行倒罐、排残和拆修瓶阀等附件，不得擅自更改检验标记或瓶体漆色。

◎城市燃气用具的生产和销售

第二十八条：城市燃气用具生产单位生产实行生产许可制度的产品时，必须取得归口管理部门颁发的《生产许可证》，其产品受颁证机关的安全监督管理。

第二十九条：民用燃具的销售，必须经销售地城市人民政府城建行政主管部门指定的检测中心（站）进行检测，经检测符合销售地燃气使用要求，并在销售地城市人民政府城建行政主管部门指定的城市燃气经营单位的安全监督下才有资格销售。

第三十条：凡经批准销售的燃气用具，其销售单位应当在销售地设立维修站点，也可以委托当地城市燃气经营单位代销代修，并负责提供修理所需要的燃气用具零部件。城市燃气经营单位应当对专业维修人员进行专业技术能力的考核。

第三十一条：燃气用具产品必须有相关的产品合格证和安全使用说明书，重点部位必须要有明显的警告标志。

◎城市燃气事故的抢修和处理

第三十二条：城市燃气事故是指由燃气引起的中毒、火灾、爆炸等造成人员伤亡和经济损失的事故。

第三十三条：任何单位和个人发现燃气事故后，首先要立即切断气源，采取通风等防火措施，并立即向城市燃气生产、储存、输配、经营单位报告。城市燃气生产、储存、输配、经营单位接到报告后，应当立即组织抢修。对于性质严重的重大事故，应当立即报告公安消防、劳动部门和城市燃气生产、储存、输配、经营单位，并立即切断气源，迅速隔离和警戒事故现场，在不影响救护的情况下保护事故现场，保持现场井然有序，采取措施控制事故发展。

第三十四条：城市燃气生产、储存、输配、经营单位必须设置专职抢修队伍，配齐抢修人员、防护用品、车辆、器材、通讯设备等，并预先制定各类突发事故的抢修方案，当有事故发生时，要立即组织抢修。

第三十五条：对于城市燃气事故的处理，应当依照其性质，分别依照劳动、公安部门的有关规定执行。对于重大和特别重大的城市燃气事故，应当在城市人民政府的统一领导下尽快做好善后工作，由城建、公安、劳动部门组成事故调查组，将事故的原因调查清楚，按照有关法律、法规、规章的规定进行严肃处理，并及时地向上做出报告。

◎奖励与处罚

第三十六条：对于维护城市燃气安全方面，有做出显著成绩的单位和个人，城市人民政府城建行政主管部门或城市燃气生产、储存、输配、经营单位应当予以相应的表彰和奖励。

第三十七条：对于破坏、盗窃、哄抢燃气设施，尚不够刑事处罚的，由公安机关依照《中华人民共和国治安管理处罚法》给予处罚；构成犯罪行为的，由司法机关依法追究其刑事责任。

第三十八条：对于违反本规定第二十条的，城市燃气生产、储存、输配、经营单位有权加以制止，并限期拆除违章设施和要求违章者要按规定赔偿相应的经济损失。

第三十九条：对于违反本规定第二十一条、二十四条、二十六条、二十七条的，城市燃气生产、储存、输配、经营单位有权勒令其停止，责令恢复原状，对于屡教不改或者危及燃气使用安全的，城市燃气生产、储存、输配、经营单位可以报经城市人民政府城建行政主管部门批准后，采取暂停供气的措施，以确保安全。

第四十条：当事人对处罚决定不服的，可以依照《中华人民共和国行政诉讼法》的有关规定，申请复议或者向人民法院起诉。逾期不申请复议或者不向人民法院起诉，又不履行处罚决定的，由做出处罚决定的行政机关申请人民法院强制执行，或者依法强制执行。

▶知识窗

·附则·

第四十一条：各省、自治区、直辖市人民政府建设行政主管部门可以会同劳动、公安部门根据本规定制定实施细则，报同级人民政府批准执行。

第四十二条：本规定由建设部负责解释。

第四十三条：本规定自1991年5月1日起施行。以前发布的有关规定，凡与本规定相抵触的，均按本规定执行。

|拓展思考|

1. 燃气的安全管理有什么作用？
2. 燃气安全管理是否具有法律效力？

认识我们身边的天然气

天然气空调

Tian Ran Qi Kong tiao

燃气空调，就是指以燃气为能源而发展起来的新型的空调设备。从广义上来说，燃气空调有多种方式：燃气直燃机、燃气锅炉＋蒸汽吸收式制冷机、燃气锅炉＋蒸汽透平驱动离心机、燃气吸收式热泵、CCHP（COMBINED COOLING HEATING POWER 楼宇冷热电联产系统）等。燃气直燃机大多是采用可燃气体直接燃烧以此来提供制冷、采暖和卫生热水。燃气直燃机能源转换途径少、技术成熟且行业发展趋势良好、广泛的应用，我们常说的燃气空调一般是指燃气直燃机。

目前在空调系统中，天然气的应用主要有三种方式：一是利用天然气燃烧产生热量的吸收式冷热水机组；二是利用天然气发动机驱动的压缩式制冷机；三是利用天然气燃烧余热的除湿冷却式空调机。当前以水－溴化锂为工质对的直燃型溴化锂吸收式冷热水机组应用是最为广泛的。溴化锂稀溶液受燃烧直接加热后产生高压水蒸气，并被冷却水冷却成冷凝水，水在低压下蒸发吸热，可以使冷冻水的降低温度；蒸发后的水蒸气再被溴化锂溶液吸收，以此逐渐形成制冷循环。当冬天需要供暖时，由燃烧加热溴化锂稀溶液产生水蒸气，水蒸气凝结时释放热量，加热采暖用水，形成供热循环。由于溴化锂水溶液需要在发生器中吸收热量，产生水蒸气，因此可以用直接燃烧天然气的方法来提供这部分热量，即以天然气作为燃料的直燃型溴化锂吸收式冷热水机组。无论是制冷还是供热，该机组都可以很好地完成。如果在高压发生器上再加一个热水换热器，生活热水便可以同时提供，达到一机三用和省电节约的目的．而且使用天然气的直燃型溴化锂吸收式冷热水机组还有下面的优点：（1）由于通过直接燃烧天然气来加热吸收器内的溴化锂溶液，从而省去了由锅炉所产生的蒸汽，再由蒸汽加热溴化锂溶液的二次加热过程，着有成效地提高了传热效率。与此同时，因省去了锅炉而大大减少了占地面积及设备、土建初所耗用的大量投资，非常的经济适用。（2）用燃烧天然气的方式提供热量，避免了间接通过烧煤或油锅炉提供热量的方式，对环境的污染也会随之降低，有效地减缓了温室效应的加剧，同时对能源也做出了合理的调整。（3）直燃型溴化锂吸收式机组除功率较小的泵外，由于不会启用其他运动部件，机组噪音和振动比以往的制冷技术相比也会有效地降低噪声。（4）直燃型溴化锂吸收式机组用吸收器和发生器代替了压缩机，极大程度地降低了电耗。

燃气空调与电力空调相比具有如下优势：功能齐全、设备利用率高、综合投资省；设备能源利用率高、运行费用省；作为新兴的清洁能源，天然气燃烧后产生的有害气体的量要少得多；机械运动部件少、震动小、噪音低、磨损小、使用寿命长；制冷工质为溴化锂的水溶液，价格经济无污染；最关键的是：大量使用燃气空调不仅可以缓解供电紧张状况，同时对于提高电力负载率，改善电力峰谷平衡率都有十分可观的效果，这既解决了能源综合利用，合理利用资源，而且对于提高电力设备运转利用率和有效控制电力设备投资盲目增长，降低电力成本和稳定供电能力都有显著的经济效益和社会效益；另外，大量使用燃气空调对于有效平衡燃气季节峰谷、提高燃气管网利用率、降低供气综合成本的作用是非常巨大的。

燃气空调与电力空调对比的优势：

（1）功能全、设备利用率高、价格低廉；

（2）设备能源利用率高、运行费用省；

（3）天然气为环保高效的能源、燃烧后产生的有害气体也比较少；

（4）机械运动部件少、震动小、噪音低、磨损小、使用寿命长；

（5）制冷工质为澳化锂的水溶液，价格低廉且不会污染大气。

▶ 知 识 窗

　　燃气空调的工作原理以水为制冷剂，利用水在高真空的状态下低沸点的原理，在蒸发器内沸腾时会吸收大量的热量，从而制取所需空调用冷冻水。用溴化锂作为吸收剂，把蒸发室内蒸腾的水蒸气带走，经燃气加热解吸，反复利用，经过多次循环，完全不用氯氟氰及其替代物，而溴化锂对人体无毒无害，同时也不会危害大气臭氧层，并且可以减少温室气体二氧化碳的排量，这对于保护臭氧层、减少由于制冷剂而带来的温室效应，具有的环保意义是非常重大的。

|拓展思考|

1、燃气空调的前景如何？

2、电力空调的缺点是什么？

天然气的化工利用

TIANRANQIDEHUAGONGLIYONG

第六章

　　21世纪，天然气在世界能源中将逐步进入鼎盛时期。如何利用好国内外丰富的天然气资源，是我们面临的重要课题。

天然气在化工方面的利用，范围极广，我们生活中的很多化工用品都与天然气有关。

天然气制合成氨的技术概况

Tian Ran Qi Zhi He Cheng An De Ji Shu Gai Kuang

合成氨的工艺流程

（1）原料气的制备是将煤和天然气等原料制成含氢和氮的粗原料气。对于固体原料煤和焦炭，一般情况下是采用气化的方法制取合成气；渣油可采用非催化部分氧化的方法获得合成气；对气态烃类和石脑油，工业中通常利用二段蒸汽转化法制取合成气。

（2）对粗原料气进行净化处理，除去氢气和氮气以外的杂质，主要过程包括变换过程、脱硫脱碳过程以及气体精制过程。

①一氧化碳变换过程

在合成氨生产过程中，各种方法制取的原料气都含有 CO，其体积分数一般为 12%～40%。合成氨需要的两种组分是 H_2 和 N_2，因此需要除去合成气中的 CO。

※合成氨的工厂

由于 CO 变换过程会释放出大量的热，因此必须分段进行以利于回收反应热，并控制变换段出口残余 CO 含量。第一步是高温变换，使大部分 CO 转变为 CO_2 和 H_2；第二步是低温变换，将 CO 含量降至 0.3% 左右。因此，CO 变换反应既是原料气制造的继续，同时又是净化的过程，为后续脱碳过程创造条件。

②脱硫脱碳过程

各种原料制取的粗原料气，当中都会含有一些硫和碳的氧化物，为了避免在合成氨生产过程中催化剂的中毒，必须在氨合成工序前加以脱除，采用的是以天然气为原料的蒸汽转化法，第一道工序是脱硫，用以保护转化催化剂，以重油和煤为原料的部分氧化法，根据一氧化碳变换是否采用耐硫的催化剂而确定脱硫的位置。工业脱硫方法种类繁多，大多是采用物理或化学吸收的方法，常用的有低温甲醇洗法（Rectisol）、聚乙二醇二甲醚法（Selexol）等。

粗原料气经 CO 变换以后，变换气中除 H_2 外，还有 CO_2、CO 和 CH_4 等组分，其中以 CO_2 含量最多。CO_2 既是氨合成催化剂的毒物，又是制造尿素、碳酸氢铵等氮肥的重要原料。因此变换气中 CO_2 的脱除要考虑到这两方面的不同要求。

一般采用溶液吸收法脱除 CO_2。由于吸收剂性能的不同，大致可分为两大类。一类是物理吸收法，如低温甲醇洗法（Rectisol），聚乙二醇二甲醚法（Selexol），碳酸丙烯酯法；一类是化学吸收法，如热钾碱法，低热耗本菲尔法，活化 MDEA 法，MEA 法等。

③气体精制过程

经 CO 变换和 CO_2 脱除后的原料气中尚含有少量残余的 CO 和 CO_2。为了防止对氨合成催化剂的毒害，规定 CO 和 CO_2 总含量不得大于 10 立方厘米/立方米（体积分数）。因此，原料气在进入合成工序前，原料气的最终净化是一定要进行，是必不可少的，这个过程就是精制过程。

▌知识窗▐

　　在目前的工业生产中，最终净化方法分为深冷分离法和甲烷化法。深冷分离法主要是液氮洗法，是在深度冷冻（$<-100℃$）条件下用液氮吸收分离少量 CO，而且也能脱除甲烷和大部分氩，由此可以获得只含有惰性气体 100 立方厘米/立方米以下的氢氮混合气，深冷净化法通常与空分以及低温甲醇洗结合。甲烷化法是在催化剂存在下使少量 CO、CO_2 与 H_2 反应生成 CH_4 和 H_2O 的一种净化工艺，要求入口原料气中碳的氧化物含量（体积分数）一般应小于 0.7%。甲烷化法可以将气体中碳的氧化物（$CO+CO_2$）含量脱除到 10 立方厘米/立方米以下，但是需要消耗有效成分 H_2，并且增加了惰性气体 CH_4 的含量。甲烷化反应如下：

$$CO+3H_2 \rightarrow CH_4+H_2O \quad \Delta H0298 = -2062 \text{ 千焦/摩尔}$$
$$CO_2+4H_2 \rightarrow CH_4+2H_2O \quad \Delta H0298 = -1651 \text{ 千焦/摩尔}$$

氨的合成是指将纯净的氢、氮混合气压缩到高压，在催化剂的作用下最终合成氨。氨的合成是提供液氨产品的工序，是整个合成氨生产过程的核心部分。氨合成反应在较高压力和催化剂存在的条件下进行，由于反应后气体中氨含量不高，一般只有 10%～20%，故采用未反应氢氮气循环的流程。

▌拓展思考▐

1. 天然气如何制合成氨？
2. 将天然气制合成氨有什么作用？

天然气制甲醇前景

Tian Ran Qi Zhi Jia Chun Qian Jing

天然气是一种高效的环保节能能源和化工原料。从 20 世纪 70 年代开始，天然气工业在全世界内就已经得到很好的发展，发展速度大大高于同期的石油和其他能源。

近几十年来，世界发达国家天然气消费量平均每十年增长 5000 亿立方米。目前天然气在世界一次能源消费中的比重已达 236%，天然气年产量与石油年产量的比例平均为 0.7：1，天然气已经成为仅次于石油和煤炭的第三大能源。

目前世界上天然气在化工方面主要是用于生产甲醇、醋酸乙烯、聚乙烯醇、合成氨/尿素、1，4－丁二醇、醋酸等产品，并且其工艺技术也都非常成熟。以天然气为原料生产的甲醇占甲醇总生产能力的 90% 以上，以天然气为原料生产的合成氨/尿素占其总量的 80%。

目前我国天然气利用水平并不是很高，煤的消费仍然是能源消费的主体，占76%，天然气仅占 18%，远低于 24% 的世界平均水平和 88% 的亚洲平均水平。

据统计，"八五"期间，我国天然气探明储量每年增长 11%，年增 1000亿立方米以上，而产量增长却依旧停滞在 2% 以下，同期投入开发利用的仅400 亿立方米左右。专家认为，由于天

※天然气制甲醇

然气的价格、生产工艺的成熟度和输送问题是造成我国天然气利用水平低下的最主要的原因。

在我国天然气、油田气和煤层气中，甲烷是最主要的成分，因此天然气的化工利用主要就是指甲烷的化工利用。目前，天然气在我国的化工利用现状主要是用于生产甲醇、乙炔及合成气、甲烷氯化物等。我国甲醇工业目前有生产装置约 100 套，原料大多以煤（焦炭）和重油为主，以天然气为原料的约占 20% 左右。其年生产规模从 0.3 万吨到 20 万吨不等，大

认识我们身边的天然气

多为中小规模，耗费的能源大，但是产量却不高，而且工艺落后，多数仍沿用的是国外早已被淘汰的高压法，小部分改为中压法。20 世纪 70 年代末四川维尼纶厂和齐鲁石化公司先后引进了国外较为先进的低压装置，其中川维厂引进装置（95 万吨/年）采用天然气制乙炔尾气做原料。

20 世纪 80 年代以后，工业发达国家乙炔生产原料已经开始采用廉价的天然气和液态烃。于 60 年代初期，我国天然气制乙炔的行业刚刚起步，1978 年川维厂建成天然气乙炔生产装置，年产能力为 287 万吨，其乙炔用于生产醋酸乙烯单体，乙炔尾气用 ICI 低压合成甲醇技术生产甲醇。

目前技术较为熟的是利用合成气生产甲醇。在我国总的来说以天然气为原料生产甲醇的装置是比较少的，川维厂刚投产的 10 万吨级新甲醇装置就用此法生产。合成气化学还包括合成醋酸，而国内醋酸装置基本上采用乙烯－乙醛氧化法，利用天然气－合成气生产醋酸的装置（15 万吨级）目前只有川维厂一家。我国天然气制甲烷氯化物研究始于 50 年代，目前装置总年产能力约有 20 万吨左右。天然气（含油田气甲烷）热氯化法已成为我国生产甲烷氯化物所采用的主要方法。但由于我国地域辽阔，天然气资源的分布并不均匀，具有局限性，因而还有一半产量的甲烷氯化物通常是由甲醇、二硫化碳以及乙醛法生产。

在我国是否适合发展天然气化工的最主要的决定性因素是是否有合适的价格，这对我国天然气工业的发展的影响是不言而喻的。由于天然气供给具有垄断性，因此不能由业主一方定价，必须有一定的政策和行政干预才能使天然气行业井然有序的发展下去，国外天然气价格制定是以市场调节为主，行政干预为辅。在我国一直没有找到合适的处理方法，曾一度长期出现产量越高，生产企业越亏损的情形。要促使我国天然气工业的顺利发展，建立一个符合价值规律和市场规律的天然气价格机制是必不可少的。

不同的国家天然气的价格也是不尽相同的，定价方式也都是不同的，但相同的是一般与液体燃料挂钩。虽然每个国家都有自己的定价方法，但都具有以下共同点：与替代能源挂钩，这是制定天然气价格应遵循的首要原则；与物价上涨挂钩；与成本和利润挂钩。

我国天然气价格一般由井口价、净化费和管输费三部分共同组成。我国天然气井口价的演变分两个阶段：第一阶段是 1957～1987 年，国家采取单一气价的价格管理形式；第二阶段是 1987 年至今，实行多类气价管理。

通过对国内外天然气生产、消费和价格情况的分析可以看出，天然气市场与原油市场不同，前者的地域性很强，不同地区的价格有比较大的差异。如四川省每年约有 20 亿立方米天然气过剩，但因为天然气价格过高，最终导致许多原使用天然气为燃料的装置又改为烧煤等（川维就是一例），使得近年四川省用气量越来越低。而随着用气量减的少，势必造成天然气的制造成本增加，造成天然气的生产与消费之间的恶性循环。从四川天然气价格来看，川维厂用气价格高于国际上大多数地区的价格，也高于国内平均价格，还高于四川省的其他工业用气价格，这种不合理的状况严重的影响和制约了我国天然气工业的发展。

知识窗

　　在天然气制甲醇工艺中，天然气的价格决定甲醇产品生产成本的高低，是决定所生产的甲醇产品在市场上是否具有竞争力的最关键的所在。如美国的天然气价格比中东地区高 3 倍多，因此天然气的费用在甲醇的单位生产成本中所占比例高达 61%～67%，而中东地区只占 22%～25%；甲醇的总生产成本美国为 145～146 美元/吨，中东为 69～71 美元/吨，美国的甲醇生产成本高出中东一倍；中东地区甲醇产品 10% 的单位投资回报所占单位生产成本的比例也比美国高得多。因此，中东地区生产的甲醇在市场上具有很强的竞争力。从这点上可以看出要发展天然气化工，关键因素是天然气的价格高低。

　　我国甲醇工业目前正遭受着进口甲醇（特别是中东甲醇）的巨大冲击，其最根本的原因是我国大多数甲醇装置由于规模太小、工艺技术相对落后、能源消耗也比较高，造成生产成本高，不足以与一般进口甲醇竞争，更无法与国外规模大的甲醇装置生产的产品相抗衡，这对国内甲醇工业的生存构成了很大威胁。针对目前国内甲醇工业所面临的极大挑战，国家应适当提高甲醇进口关税，这样一方可以增加国家收入，同时也可以促进了国内甲醇工业健康发展。对那些规模小、工艺技术落后、能耗高、质量差、与国有大中型企业争原料和市场的装置，国家应加强宏观的管理力度，让他们关闭，以便确保工艺先进、能耗低、产品质量好的国有大中型甲醇装置可以充分的生产天然气。建议用天然气制甲醇的工艺路线采用 ICI 或 Lurgi 公司的生产技术。另外，伴着我国天然气价格日渐上涨，将会严重的制约我国甲醇工业今后的生存和发展。专家认为，天然气价格定在 0.45～0.80 元/立方米，我国天然气制甲醇项目的经济效益才会日益增长。

拓展思考

1. 如何用天然气制甲醇？
2. 天然气制甲醇的作用是什么？
3. 天然气制甲醇的前景怎么样？

以天然气为原料的其他传统产品

Yi Tian Ran Qi Wei Yuan Liao De Qi Ta Chuan Tong Chan Pin

◎天然气制氢

天然气制氢就是众多天然气产品中的其中之一。辽河油田作为全国第三大油气田，本身的天然气资源是十分丰富的，尤其是从事油气集中处理企业，在油气生产过程中，能够生产出相当规模的伴生干气，对于天然气深加工具有得天独厚的自身条件，对于推进天然气制氢工艺的开发推广具有非常广泛的意义。

※制氢设备

1. 天然气制氢工艺原理

（1）天然气的主要加工过程

它包括常减压蒸馏、催化裂化、催化重整和芳烃生产这几种，同时，包括天然气开采、集输和净化。在一定的压力和一定的高温及催化剂作用下，天然气中烷烃和水蒸气发生化学反应。转化气经过费锅换热、进入变换炉使 CO 变换成 H_2 和 CO_2。再经过换热、冷凝、汽水分离，通过程序控制，将气体依序通过装有三种特定吸附剂的吸附塔，由变压吸附（PSA）升压吸附 N_2、CO、CH_4、CO_2 提取产品氢气。降压解析放出杂质，最终使吸附剂得到再生。

（2）反应式

$$CH_4 + H_2O \rightarrow CO + 3H_2 - Q \quad CO + H_2O \rightarrow CO_2 + H_2 + Q$$

（3）主要技术指标

压力：10～25 兆帕斯卡；天然气单耗：0.5～0.56 标准立方米/小时氢气；电耗：0.8～15 标准立方米/小时氢气；规模：1000～100000 标准立方米/小时；纯度：符合工业氢、纯氢（GB/T7445－1995）；年运行时间：大于 8000h1 天然气制氢的选择理论分析。

2. 天然气水蒸气重整制氢需解决的关键问题

天然汽水蒸气重整制氢的过程里需要吸收大量的热，制氢过程会耗用很高的能量，燃料成本占生产成本的 50%～70%。辽河油田在该领域进行了大量并且很有成效的研究工作，在油气集输企业建有大批工业生产装置，考虑到氢在炼厂和未来能源领域的广泛应用，天然气水蒸气转化工艺技术远远不能满足大规模制氢的要求。因此研究和开发更为先进的天然气制氢新工艺技术是解决廉价氢源的重要保证，要求新工艺技术应在降低生产装置投资和减少生产成本方面有新的明显的突破和成就。

3. 天然气制氢新工艺和新技术分析

（1）天然气绝热转化制氢

大部分原料反应本质为部分氧化反应是该技术最突出的特色，控速步骤已成为快速部分氧化反应，很大程度地提高了天然气制氢装置的生产能力。天然气绝热转化制氢工艺采用廉价的空气做氧源，设计的含有氧分布器的反应器可以很好的解决催化剂床层热点问题及能量的合理分配，催化材料的反应稳定性也因床层热点降低而得到较大幅度的提高，天然气绝热转化制氢在加氢站小规模现场制氢更能体现其生产能力强的特点。该新工艺具有流程短和操作单元简单这一类的优点，可明显降低小规模现场制氢装置投资和制氢成本。

（2）天然气部分氧化制氢

天然气催化部分氧化制合成气，与传统的蒸汽重整方法相比，该过程耗用的能源比较低，采用非常低廉的耐火材料堆砌反应器，但天然气催化部分氧化制氢因需要大量纯氧而增加了昂贵的空分装置投资和制氧成本。采用高温无机陶瓷透氧膜作为天然气催化部分氧化的反应器，将廉价制氧与天然气催化部分氧化制氢结合同时进行。据初步技术经济评估结果表明，与一般的生产过程相比，其装置投资将降低约 25%～30%，生产成本将降低 30%～50%。

（3）天然气高温裂解制氢

天然气高温裂解制氢是天然气经高温催化分解为氢和碳，该过程由于不产生二氧化碳，被认为是连接化石燃料和可再生能源之间的过渡工艺过程。辽河油田对于天然气高温催化裂解制氢，为此展开了大量研究工作，所产生的碳能够具有特定的重要用途和十分广阔的市场前景。

（4）天然气自热重整制氢

该工艺同重整工艺相比，变外供热为自供热，较为合理的利用反应热量，原理是在反应器中耦合了放热的天然气燃烧反应和强吸热的天然气水蒸气重整反应，反应体系本身便可以实现自供热。除此之外，由于自热重整反应器中强放热反应和强吸热反应分步进行，因此反应器仍需耐高温的不锈钢管作反应器，这就使得天然气自热重整反应过程具有装置投资高，但是生产能力却不高的缺点。

4. 天然气脱硫制氢技术

（1）改革创新

辽河油田在原合成氨造气工艺基础上对转化炉、脱硫变换、热量回收系统等进行了一系列非常大胆的改革，采用创新装置，与老工艺相比大为减少，天然气消耗也降低约 1/3。技术特点：天然气加压脱硫后与水蒸气在装填有催化剂的特殊转化炉裂解重整，生成氢气、二氧化碳和一氧化碳的转化气，部分热量被回收后，经变换降低转化气中 CO 含量、变换气再通过变压吸附（PSA）提纯得到氢气。

（2）主要性能指标

在一定压力下利用活性炭、硅胶、分子筛、氧化铝多种吸附剂组成的复合吸附床，将甲醇裂解气、合成氨放气、炼油厂的催化裂化干气、变换气、水煤气和半水煤气等各种含氢气源中杂质组分在较低压力下选择吸附，难吸附的氢从吸附塔出口作为产品气输出，以此来达到提取纯氢气目的。

生产能力：根据用户需要一般为 400～20000 标准每方米/小时；产品纯度：99%～99999%（v/v）；产品压力：13～20 兆帕斯卡。

（3）主要技术指标

处理原料量：10～5000 标方/小时；吸附压力：0.8～24 兆帕斯卡；氢气纯度：999～9999%；氢气提取率：75%～90%（视原料气条件和产品气要求而定）。

（4）氢气分离、提纯

吸附塔是依靠交替进行吸附、解吸和吸附准备过程来达到连续产出氢气的目的。在一定压力下，氢气进入到 $PSA-H_2$ 系统。富氢气自下而上通过装填有专用吸附剂的吸附塔，从吸附塔顶部收集到的产品氢气输出界外。当床层中的吸附剂被 CO、CH_4、N_2 饱和后，富氢气切换到其他吸附塔。在吸附－解吸的过程中，吸附完毕的塔内仍留着一定压力的产品氢，利用这部分纯氢给刚解吸完毕的另外几个均压塔分别均压和冲洗，这样做不仅可以利用了吸附塔内残存的氢气，同时还可以有效地减缓了吸附塔的升压速度，随之就减缓了吸附塔的疲劳程度，有效达到了分离氢，达到氢和杂质组分的分离。

◎天然气制乙炔

乙炔的性质和用途：在常温常压下乙炔是具有麻醉性的无色可燃气体；纯乙炔无味；比空气轻，在大气中能与空气形成爆炸性混合物，极易燃烧和爆炸；微溶于水，易溶于酒精、丙酮、苯、乙醚等；与汞、银、铜等化合生成爆炸性化合物；能与氟、氯发生爆炸性反应。在高压下乙炔的状态很不稳定，火花、热力、摩擦都可以引起乙炔的爆炸性分解而产生氢和碳；乙炔本身是无毒的，但是一旦浓度过高就会引起窒息。乙炔与氧的混合物会产生麻醉效应。吸入乙炔气后出现的症状有晕眩、头痛、恶心、面色青紫、中枢神经系统受刺激、昏迷、虚脱等，严重者甚至会导致窒息死亡。为保证乙炔的安全运输，目前只有溶解乙炔的方法，其具体做法是将乙炔加压溶解在用丙酮浸泡过的多空性物质中。

天然气制乙炔的主要方法：

◆电弧法：利用电弧产生的高温和热量使天然气裂解成乙炔。

◆部分氧化法：天然气制乙炔的主要方法是利用部分天然气燃烧形成的高温和产生的热量为甲烷裂解成乙炔创造条件。

◆热裂解法：利用蓄热炉将天然气燃烧产生的热量全部储存起来，然后再将天然气切换到蓄热炉中使之裂解，然后生成乙炔。

天然气乙炔工业的发展趋势：乙炔是有机合成的重要的基本原料。20世纪70年代以来，随着石油化工的不断发展提供了大量较为廉价的乙烯和丙烯，因此在很多领域里乙炔被乙烯和丙烯逐渐取代。由于各国资源条件和经济发展的状况不尽相同，一些有机合成中乙炔在有机化工中仍然有很重要的作用。乙炔的生产原料主要为电石和天然气，电石法是最传统且迄今为止仍在工业上普遍应用的乙炔合成方法，但工业发达的国家用来生产乙炔的原料已转移到廉价经济的天然气和液态烃。天然气制乙炔与电石法制乙炔相比要更加经济、更加环保高效，采用液态烃和天然气来生产乙炔已成为工业发达国家生产乙炔的最长应用的方法。随着人们环保意识的不断增强加上天然气资源的日益丰富，以天然气作为原料生产乙炔将成为乙炔工业的发展趋势，其前景远大而光明。

一、我国天然气制乙炔工业的发展背景

我国乙炔主要采用电石乙炔原料，天然气制乙炔的比重并不是很大。由于我国可持续发展的能源战略的制定，加上环境保护的要求日益增高，发展绿色化工的呼声逐渐高涨，加之近年来新疆、内蒙古等大气田的发现，为发展大规模天然气制乙炔的工业做好了铺垫。然而我国天然气乙炔科研工作起步于 20 世纪 60 年代初期已取得天然气部分氧化法旋焰炉和多管炉制乙炔等多项中试成果，达到国外同期水平相同的技术经济指标。但国内生产技术上还是有一部分的问题存在的，主要表现在天然气脱硫工艺落后、余热的利用并不充分分、综合利用程度也不够等多方面。经过 10 多年的消化吸收，现已有国产化装置在陆续的投入运行。

二、天然气乙炔的制备原理和方法

烃类裂解制乙烯时，温度过高的话，乙烯就会进一步脱氢转化为乙炔，但乙炔在热力学上性质是很不稳定的，容易分解为碳和氢。甲烷裂解为乙炔时，也会有中间产物乙烯的形成，但是由于它的脱氧反应很快就进行，故其总反应式可写为：$2CH_4 \, C_2H_2 \, H_2C$

三、天然气乙炔的典型工艺介绍

甲烷部分氧化法天然气部分氧化热解制乙炔的工艺主要包括两个部分，一是稀乙炔的制备，另一个是乙炔的提浓。

工艺流程：1—预热炉；2—反应器；3—炭黑沉降槽；4—淋洗冷却塔；5—电除尘器；6—稀乙炔气柜；7—压缩机；8—预吸收塔；9—预解吸塔；10—主吸收塔；11—逆流解吸塔；12—真空解吸塔；13—二解塔。

部分氧化法的不良之处有以下几点：（1）部分氧化法是通过甲烷部分燃烧作为热源来裂解甲烷，因而所形成的高温环境存在受限的温度，而且单吨产品消耗的天然气量过大；

（2）部分氧化法必须建立空分装置以供给氧气，由于在反应中有氧气的参加，使生产运行存在对安全的威胁，因而必须增设复杂的防爆设备。氧的存在还使裂解气中存在氧化物，会增加分离和提浓工艺段的设备投资；

（3）裂化气组成是较为复杂的，C_2H_2 为 854、CO 为 2565、CO_2 为 332、CH_4 为 568 和 H_2 为 55。这给分离提浓工艺的消耗及人员配置等诸

方面都会带来极大的障碍，运行成本也会因此增加。最大缺点是它对操作变化很敏感，当操作不当时便会产生大量的副产物。

　　氢作为一种二次化工产品，在医药、精细化工、电子电气等行业的用途都是十分广泛的。特别是氢作为燃料电池的首选燃料，在未来交通和发电领域的市场前景是十分广阔的，在未来能源结构中也会占有越来越重要的位置。采用传统制氢的方法，如轻烃水蒸气转化制氢、水电解制氢、甲醇裂解制氢、煤气化制氢、氨分解制氢等，技术相对成熟，但是，存在成本高、产出率低、人工效率低等"一高两低"的问题。辽河油田在油气生产过程中，有干气、石脑油等烃类资源伴生，采用此类方法生产氢，可以实现资源的利用率最大化，而且伴生天然气的主要成分是甲烷，利用烃类蒸汽转化即可制成氢，且生产纯度高，生产效率也是很高的。

| 拓展思考 |

1. 天然气如何制成氢？
2. 天然气如何制成乙炔？
3. 天然气制氢和乙炔的作作是什么？

天然气制合成油

Tian Ran Qi Zhi He Cheng You

◎天然气制合成油的发展史

20 世纪 70 年代美孚 Mobil 公司开发出一系列具有独特择形作用的新型高硅沸石催化剂，为由合成气出发选择性合成窄分子量范围的特定类型烃类产品开辟了新途径。20 世纪 90 年代随着石油资源逐渐短缺且质量越来越差，而天然气探明的可采储量却在持续增加，这些情况使开发 GTL 新型催化剂和新工艺显得更加迫切。如 Shell 公司的 SMDS 工业装置，南非 Sasol 公司的 SSPD 浆态床工艺等，这些都标志着 GTL 技术进入了一个全新的时代。GTL 产品中，C5～C9 为石脑油馏分，C10～C16 为煤油馏分、C17～C22 为柴油馏分、C23 以上为石蜡馏分。其中柴油是天然气制合成油中最重要的产品，其质量要比石油炼厂生产的常规柴油好很多，具有十六烷值高、硫含量低、不含或低含芳烃等特点。GTL 煤油不含硫、氮化合物，燃烧性能非常好。GTL 石蜡产品质量甚佳天然气合成润滑油基础油是 GTL 合成油的另一个比较重要的产品，它是 GTL 石蜡馏分经过加氢异构－脱蜡后得到的，不含硫，粘度指数高，可高度生物降解，对于调制新一代发动机油是非常适用的。

◎Shell 公司的工艺

Shell 公司 SMDS 工艺合成部分的流程：1－F－T 反应器；2－石蜡分离塔；3－换热器；4－循环压缩机；5－循环 H₂ 压缩机；6－加热炉；7－加氢裂化分离器；8－氢气分离塔。

◎Sasol 公司的工艺

Sasol 掌握的 F－T 合成工艺有 Arge 管式固定床 TFB、Synthol 疏相流化床 CFB、SAS 密相流化床 FFB 以及 SSPD 浆态床四种工艺。1Arge 管式固定床 TFB 工艺沉淀铁催化剂，反应压力 26 兆帕斯卡，温度 220℃

～250℃；产品中约有一半为液体蜡，其余为柴油及汽油等。2Synthol 疏相流化床 CFB 工艺熔铁催化剂，反应压为 25 兆帕斯卡，反应温度 300350℃，其主要产品有油、烯烃及柴油。

◎SAS 密相流化床 FFB 工艺

除投资费用降低，能量效率提高外，密相流化床反应器还有以下优点：

(1) 由于反应器内催化剂密度增大，转化率及处理量都有提高的空间；

(2) 反应器直径可以增大，提升处理能力；

(3) 催化剂消耗降低 40%；

(4) 气体压缩费用降低，装置维修费用节约 15%，经济合理。

▶知识窗

·费—托合成工艺·

F—T 合成工艺可分为高温 F—T 合成 HTFT 和低温 F—T 合成 LTFT 两种。前者一般使用铁基催化剂，合成产品经过加工就可以得到汽油、柴油、溶剂油和烯烃等。后者使用钴基催化剂，合成的主产品石蜡原料可以加工成特种蜡或经加氢裂化/异构化生产优质柴油、润滑油基础油、石脑油馏分理想的裂解原料产品无硫和芳烃。当今世界上拥有 F—T 合成技术的公司主要有 Shell 公司、Sasol 公司、Exxonmobile 公司、Syntroleum 公司、Conoco Phillips 公司、Rentech 公司等。这些工艺都采用低温 F—T 合成技术，这种技术的主要优点是可以很好地控制反应温度、使用较高活性的催化剂、提高装置的生产能力、降低装置的投资成本，这在一定程度上代表了 F—T 合成技术的发展方向。

|拓展思考|

1. 天然气如何制合成油？
2. 天然气制合成油的意义是什么？

认识我们身边的天然气

天然气制二甲醚
Tian Ran Qi Zhi Er Jia Mi

◎工艺技术分析

二甲醚的生产方法有一步法和二步法。一步法是指由原料气一次合成二甲醚，二步法是由合成气合成甲醇，然后再脱水制取二甲醚。

1. 一步法

这个方法是由天然气转化或煤气化生成合成气后，合成气进入合成反应器内，在反应器内同时完成甲醇合成与甲醇脱水两个反应过程和变换反应，

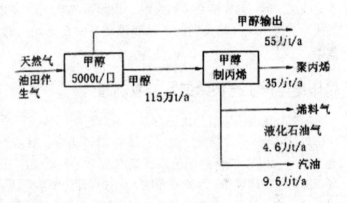

※制二甲醚的步骤

产物为甲醇与二甲醚的混合物，混合物经蒸馏装置分离得二甲醚，未反应的甲醇返回合成反应器。

一步法采用的大多是双功能催化剂，该催化剂一般由两类催化剂物理混合而成，其中一类为合成甲醇催化剂，如 Cu－Zn－Al (O) 基催化剂，BASFS3－85 和 ICI－512 等；另一类为甲醇脱水催化剂，如氧化铝、多孔 SiO_2－Al_2O_3、Y 型分子筛、ZSM－5 分子筛、丝光沸石等。

2. 二步法

该法是分两步进行的，即先由合成气合成甲醇，甲醇在固体催化剂下脱水制二甲醚。国内外多采用含 γ－Al_2O_3/SiO_2 制成的 ZSM－5 分子筛作为脱水催化剂。反应温度控制在 280℃～340℃，压力为 0.5 兆帕斯卡－0.8 兆帕斯卡。甲醇的单程转化率在 70%～85% 之间，二甲醚的选择性

大于 98%。

一步法合成二甲醚没有甲醇合成的中间过程，与两步法相比，具有工艺流程简单、设备少、投资小、操作费用低的优点，由于这些优点可以使二甲醚生产成本得到降低，由此经济效益也会得到很大程度上的提高。因此，一步法合成二甲醚是国内外开发的热点。国外开发的有代表性的一步法工艺有：丹麦 Topsφe 工艺、美国 AirProducts 工艺和日本 NKK 工艺。

二步法合成二甲醚是目前国内外二甲醚生产的最主要的生产工艺，该法以精甲醇为原料，脱水反应副产物少，二甲醚纯度达 99.9%，有成熟的技术工艺，装置适应性广，后处理简单，可直接建在甲醇生产厂，也可建在其他公用设施好的非甲醇生产厂。但该法要经过甲醇合成、甲醇精馏、甲醇脱水和二甲醚精馏等工艺，操作流程比较长，因而设备的投资救护比较大。但目前国外公布的大型二甲醚建设项目绝大多数均是采用的两步法工艺技术，由此我们就可以知道两步法在市场上的竞争力还是很强的。

◎甲醚生产工艺技术现状及发展趋势

随着我国国民经济的高速发展，能源短缺的情况日益严重。2007 年我国进口原油 16317 万吨，进口成品油 3380 万吨。石油的进口依存度达到 471%。目前，国际原油价格已经突破 100 美元/桶，在一定程度上使得我国的经济建设和发展均被影响，这些局面迫使国家调整能源结构，寻找并且开发环保高效的能源作为的替代能源，由此来缓解由于石油供需而产生的矛盾。

◎液化石油气替代

二甲醚（DME）的与液化石油气（LPG）有着大致相似的性质，可以用作民用燃料和动力燃料。

2007 年 8 月 27 日建设部发布了第 691 号公报《城镇燃气用二甲醚建设标准》（编号为 CJ/T259—2007），2008 年 1 月 1 日起实施。目前比较成熟的做法是将二甲醚以 20%～25% 的比例掺入 LPG 用作民用燃料。2007 年我国城镇 LPG 的用量约为 2200 万吨（进口 1000 万吨）。按此用量和掺入 20% 二甲醚计算，一年将需要 440 万吨二甲醚；加之技术在不断的完善和进步，灶具也在不断地完善，二甲醚若完全替代 LPG，国内燃气用二甲醚年需量将达到 1500 万吨左右。

◎柴油替代

二甲醚与柴油的特性大多是十分相似的，国内在二甲醚汽车的开发研究上已经取得了巨大的成功。由上海交通大学、上海柴油机股份有限公司、上海汽车工业（集团）总公司等单位组成的团队研制成功的 10 辆二甲醚公交车，于 2007 年 9 月投放到上海 147 路公交线上进行示范运行，同时建成国内第一个车用二甲醚加注站。2008 年示范车量达到了 100 辆，2010 年世博会肘已形成 1000 辆以上的使用规模。2007 年 10 月山东临沂也决定在车用领域试点推广应用二甲醚，以此来优化能源结构、同时保护环境。另外北京、武汉等地也开始引进二甲醚公交车。西安交通大学进行了二甲醚公交车研制，目前样车已经完成。

◎总需求量

在其它消费领域，如抛射剂、制冷剂、发泡剂等方面，二甲醚的需求量也在不断的增长，同时也在不断的扩大市场份额。2010 年，国内市场对二甲醚的总需求量在 2200 万吨/年左右。

2002 年以前国内只有广州中山精细化工厂等几家企业生产二甲醚，总产能约为 32 万吨/年，年产量为 2 万吨。2006 年生产企业达到 30 多家，主要有山东久泰 15 万吨/年、山东玉皇 50 万吨/年、内蒙古伊高 2 万吨/年、四川泸天化 11 万吨/年等，总产能达到 30 万吨/年。2007 年新增产能超过 200 万吨，产量超过 100 万吨，2008 年再新增 200 万吨产能，加上在建、拟建装置，2010 年总产能在 1000 万吨/年左右，虽然速度已经有较快的增长，但对于市场巨大的需求量仍是不能满足。

◎二甲醚的生产工艺

最早的二甲醚是高压合成甲醇的副反应中生成、进而分离得到的。科学技术也在不断地进步，合成甲醇副反应中生成的二甲醚，是远远不能满足人们对二甲醚作为新一代环保节能的替代能源的需求。为此世界各国相继开发出一系列投资省、操作条件好、污染较少的新型工艺，基本上分为一步法和二步法两类。一步法包括气相一步法和三相淤浆床一步法及天然气直接合成二甲醚；二步法先由合成气合成甲醇，再由甲醇脱水制二甲醚，包括液相二步法和气相二步法。

◎一步法制二甲醚工艺技术

一步法是以天然气或煤气化生成的合成气为原料，在反应器中同时完成甲醇合成和甲醇脱水两个反应过程和变换反应，产物为甲醇和二甲醚的混合物；经分馏装置分离出二甲醚，甲醇返回反应器继续参与脱水反应。过程如下：

$$CO_2 + H_2 = CH_3OH,$$
$$2CH_3OH = CH3OCH_3 + H_2O,$$
$$CO + H_2O = CO_2 + H_2$$

总反应方程为：

$$3CO + 3H_2 = CH_3OCH_3 + CO_2$$

一步法采用的是双功能催化剂。该催化剂一般由两类催化剂物理混合而成，其中一类为甲醇合成催化剂，如 $Cu-Zn-A1$（O）基催化剂、BASFS3-85 和 ICI-512 等；另一类为甲醇脱水催化剂，如 A1203、多孔 $SiO2$、Y 型分子筛、ZSM—5 分子筛、丝光沸石等。该工艺不需要专门的甲醇合成装置。与两步法相比，具有工艺流程简单、设备少、投资少、操作费用低等不可替代的显著优点，可以实现经济效益的最大化，因此成为国内外开发的热点，同时也是未来发展的主要方向。最有代表性的技术有：丹麦托普索（Topsoe）工艺、美国空气化学产品工艺和日本 NKK 工艺、清华大学工艺、中科院大连化物所工艺等。

◎三相淤浆床合成气一步法

三相淤浆床一步法制二甲醚的工艺是使用粒度细到一定程度的双功能催化剂，使它悬浮于对反应惰性和在反应条件下性质相对稳定的液相热载体中，在反应器中形成气、液、固三相接触反应。其显著的优点在于：床层温度分布均匀，温差小，操作弹性大，原料适应性强，二甲醚时空收率高；反应释放热量由淤浆床中的盘管内冷却介质或通过液相热载体自身的循环带走，比较容易维持最佳的操作状态，保护催化剂，提高 CO 的选择性。

用淤浆床反应器代替固定床反应器，其构造简单，反应热易通过惰性介质及时移出，使强放热反应的二甲醚合成过程易实现等温操作，副反应少，单程转化率高，可以处理贫氢合成气，更适应煤基合成气的原料气。

气相一步法和三相淤浆床生产二甲醚技术存在一定的问题。

首先是能量耗费的十分严重，每生成一分子二甲醚要同时生成一分子 CO_2。其次是催化剂使用寿命短。因为合成和脱水两种催化剂最佳反应温度范围匹配不好，提高反应温度势必会降低另一部分催化剂的寿命，致使整个催化剂寿命缩短。第三是 CO、H_2、CO_2、二甲醚、甲醇、水等产品不易分离。

◎一步法制二甲醚的最新工艺研究——天然气直接制二甲醚工艺

该工艺主要是采用液相选择性催化剂，将甲烷催化氧化得到硫酸二甲酯，硫酸二甲酯再经裂解炉裂解为二甲醚等。该工艺较两步法节省70%的装置投资，反应温度仅为180℃，具有流程简单、能耗低、操作简单方便等特点。目前，该技术已经顺利完成了实验室及中试设计研究，扩大中试示范装置的建设也已经快进行完毕。

◎二步法生产二甲醚工艺技术

二步法是在一个反应器中先合成甲醇，在另一个反应器中进行甲醇脱水两个步骤完成的。二步法也分为气相二步法和液相二步法两类。

◎气相二步法

甲醇蒸汽通过由 r－A1203/SiO2 等制成的 ZSM－5 型分子筛，在 0.5～0.8 兆帕斯卡和 280℃～340℃下，脱水生成二甲醚，产品纯度达到999%，工艺是较为成熟的。其主要特点是自动化程度高，对设备材质也不存在特别的要求，基本上没有三废排放及设备腐蚀问题。国内最具代表性的有西南化工研究院的天一公司技术和清华大学技术等。利用天一技术截止 2007 年在国内已经建成投产了 12 套装置（合计能力 27 万吨/年），正在安装的有 9 套，完成设计的有 16 套，拟建 1 套。合计生产能力 237 万吨/年。在役装置最大能力 10 万吨/年。利用清华大学技术也建设了相应的数套装置。

◎液相二步法

（1）传统的液相二步法以硫酸为催化剂，甲醇在硫酸作用下先生成硫酸氢甲酯，再生成二甲醚。反应方程式为：

$$H_2SO_4 + CH_3OH = CH_3HSO_4 + H_2O,$$

$$CH_3HSO_4 + CH_3OH = CH_3OCH_3 + H_2SO_4$$

该工艺可生产纯度大于 996% 的二甲醚产品，可用作气雾剂及硫酸二甲酯中间体；具有反应条件温和（130℃ ～ 160℃），甲醇单程转化率高（约 90%）的优点；但是存在设备腐蚀、环境污染严重及中间产品毒性较大的问题。此法早已经被淘汰不用了。

（2）山东久泰化工有限公司（原山东鲁明）开发出了复合酸催化脱水液相生产二甲醚的新工艺，并成功地解决了冷凝分离技术，使反应与脱水连续进行，具有自主知识产权。该技术在国内已经建设和准备建设近 7 套装置。

（3）中国科学院大连化物所研究开发的催化蒸馏制备二甲醚也是两步法的一种新工艺。该工艺把反应与分离两个单元合为一体，在反应蒸馏塔内以硫酸或其他复合酸为催化剂，使甲醇脱水生成二甲醚，并同时进行分离。

两步法尽管要经过甲醇合成、甲醇精馏、甲醇脱水、二甲醚精馏等工序，流程比较繁琐，设备投资也大，产品成本也是较高的，但在国内外依然是最主要的生产方法。

▶ 知识窗

·结论·

（1）二甲醚国内市场容量非常巨大。

（2）一步法二甲醚生产工艺，装置投资和生产运行成本较两步法都有所降低，是未来发展的方向，但目前还存在许多问题，需要进一步研究。

（3）两步法二甲醚生产技术成熟、稳定，目前国内应用最多。

拓展思考

1. 天然气如何制成二甲醚？

2. 天然气制二甲醚的工艺有几种？

3. 二甲醚的工艺技术有何意义？

典型的 *MTO 工艺*

Dian Xing De MTO Gong Yi

甲醇制烯烃和甲醇制丙烯是两个重要的 C1 化工新工艺，是指以煤或天然气合成的甲醇为原料，借助类似催化裂化装置的流化床反应形式，生产低碳烯烃的化工技术。

20 世纪 70 年代美国美孚公司在研究甲醇使用 ZSM－5 催化剂转化为其它含氧化合物时，发现了甲醇制汽油（Methanolto Gasoline，MTG）反应。1979 年新西兰政府利用天然气建成了全球首套 MTG 装置，其能力为 75 万吨/年，1985 年投入运行，后来因为受到经济原因的影响而被迫停产。

从 MTG 反应机理分析，低碳烯烃是 MTG 反应的中间产物，因而 MTG 工艺的开发成功促进了 MTO 工艺的开发。国际上的一些知名石化公司，如美孚、BASF、UOP、Norsk Hydro 等公司都为此投入了大量的资金进行技术的开发。

美孚公司以该公司开发的 ZSM－5 催化剂为基础，最早研究甲醇转化为乙烯和其他低碳烯烃的工作，然而，取得突破性进展的是 UOP 和 Norsk Hydro 两公司合作开发的以 UOPMTO－100 为催化剂的 UOP/Hydro 的 MTO 工艺。

国内科研机构，如中科院大连化物所、石油大学、中国石化石油化工科学研究院等也开展了与此类似的技术开发。其中大连化物所开发的合成气经二甲醚制低碳烯烃的工艺路线（SDTO）具有很好的创意，与传统合成气经甲醇制低碳烯烃的 MTO 相比较，CO 转化率高，达 90％以上，建设投资和操作费用节省 50％～80％。当采用 D0123 催化剂时产品以乙烯为主，当使用 D0300 催化剂时产品以丙烯为主。

◎催化反应机理

MTO 及 MTG 的反应历程主反应为：

$$2CH_3OH = C_2H_4 + 2H_2O$$

$$3CH_3OH = C_3H_6 + 3H_2O$$

甲醇首先脱水为二甲醚（DME），形成的平衡混合物包括甲醇、二甲醚和水，然后转化为低碳烯烃，低碳烯烃通过氢转移、烷基化和缩聚反应生成烷烃、芳烃、环烷烃和较高级烯烃。甲醇受固体酸催化剂作用，脱水生成二甲醚，其中间体是质子化的表面甲氧基；低碳烯烃转化为烷烃、芳烃、环烷烃和较高级烯烃，其历程为通过带有氢转移反应的典型的正碳离子机理；二甲醚转化为低碳烯烃有多种机理论述，目前还没达成统一的说法。

美孚公司最初开发的 MTO 催化剂为 ZSM－5，其乙烯收率仅为 5％。改进后的工艺名称 MTE，即甲醇转化为乙烯，最初为固定床反应器，后改为流化床反应器，乙烯和丙烯的选择性分别为 45％和 25％。

UOP 开发的以 SAPO－34 为活性组分的 MTO－100 催化剂，其乙烯选择性明显优于 ZSM－5，使 MTO 工艺取得突破性进展。其乙烯和丙烯的选择性分别为 43％～61.1％和 27.4％～41.8％。

从近期国外发表的专利看，MTO 研究开发的重点依然是在催化剂的改进上，以提高低碳烯烃的选择性。将各种金属元素引入 SAPO－34 骨架上，得到称为 MAPSO 或 ELPSO 的分子筛，这是催化剂改型的重要手段之一。金属离子的引入会引起分子筛酸性及孔口大小的变化，孔口变小对大分子的扩散有一定的限制作用，有利于小分子烯烃选择性的提高，形成中等强度的酸中心，同时也将有利于烯烃的生成。

◎MTO 的技术介绍

目前国外具有代表性的 MTO 工艺技术主要是：UOP/Hydro、埃克林美孚的技术，以及鲁奇（Lurgi）的 MTP 技术。

埃克林美孚和 UOP/Hydro 的工艺流程并不存在很大的区别，它们都采用流化床反应器，甲醇在反应器中反应，生成的产物经分离和提纯后得到乙烯、丙烯和轻质燃料等。目前 UOP/Hydro 工艺已在挪威国家石油公司的甲醇装置上进行运行，效果达到甲醇转化率 99.8％，丙烯产率 45％，乙烯产率 34％，丁烯产率 13％。

鲁奇公司则专注于由甲醇制单一丙烯新工艺的研究开发，采用中间冷却的绝热固定床反应器，使用南方化学公司提供的专用沸石催化剂，丙烯的选择率很高。据鲁奇公司称，日产 1600 吨丙烯生产装置的投资费用为18 亿美元。鲁奇公司甲醇制丙烯技术将首次实现规模化生产，其在伊朗投建 10 万吨/年丙烯装置，已在 2009 年正式投产。

认识我们身边的天然气

从近期国外发表的专利可以看到，MTO又做了一些新的改进。

1. 以二甲醚（DME）作MTO中间步骤

水或水蒸气对催化剂都存在一定的危害，减少水更可以节省投资和生产成本，生产相同量的轻质烯烃产生的水，甲醇是二甲醚的两倍，所以装置设备尺寸是可以根据实际情况减小的，设备尺寸减小了，生产成本也就随之降低了。

2. 通过烯烃歧化途径灵活生产烯烃

通过改变反应的温度可以调节乙烯丙烯的比例，一旦提高温度很可能会影响催化剂的寿命，而通过歧化反应可用乙烯和丁烯歧化来生产丙烯，也可以使丙烯歧化为乙烯和丁烯，对催化剂的寿命是不会造成影响的，从而使产品分布更具灵活的特点。

3. 以甲烷作反应稀释剂

使用甲烷作稀释剂比用水或水蒸气作稀释剂可减少对催化剂的危害。

◎我国MTO工艺技术发展现状

中科院大连化物所是国内最早从事MTO技术开发的研究单位。该所从20世纪80年代便开展了由甲醇制烯烃的工作。"六五"期间完成了实验室小试，"七五"期间完成了300吨/年（甲醇处理量）中试；采用中孔ZSM－5沸石催化剂达到了当时国际先进水平。90年代初又在国际上首创"合成气经二甲醚制取低碳烯烃新工艺方法（简称SDTO法）"，被列为国家"八五"重点科技攻关课题。此类新工艺是由两段反应构成，第一段反应是合成气在以金属－沸石双功能催化剂上高选择性地转化为二甲醚，第二段反应是二甲醚在SAPO－34分子筛催化剂上高选择性地转化为乙烯、丙烯等低碳烯烃。

SDTO新工艺具有如下特点：

1. 合成气制二甲醚打破了合成气制甲醇体系的传统的热力学限制，CO转化率可接近100%，与合成气经甲醇制低碳烯烃相比可节省投资5%～8%；

2. 采用小孔磷硅铝（SAPO－34）分子筛催化剂，比ZSM－5催化剂的乙烯选择性要提高了很多；

3. 第二段采用流化床反应器可以有效地导出反应热，实现反应－再生的循环操作；

4. 新工艺具有显著的灵活性，它包含的两段反应工艺既可以联合成

133

为制取烯烃工艺的整体，又可以单独应用。尤其是 SAPO－34 分子筛催化剂可直接用作 MTO 工艺。

在 SAPO－34 催化剂的合成方面，大化所已成功地开发出以国产廉价三乙胺或二元胺为模板剂合成 SAPO－34 分子筛的方法，其生产成本比目前国内外普遍采用的四乙基氢氧化铵为模板剂的 SAPO－34 降低 85％以上。不仅仅只在科研方面，在建设大型 MTO 工厂方面，我国各产煤大省均有实质性的动作。

陕西省最近推出了 3 个大型煤化工项目对外招商，这 3 个大项目分别位于陕北榆神煤田年产 200 万吨甲醇、60 万吨丙烯的 MTP 项目；榆横煤田年产 240 万吨甲醇、80 万吨烯烃的 MTO 项目及关中西北部的彬长煤田年产 150 万吨甲醇、273 万吨乙烯、227 万吨丙烯项目。

榆神煤田项目所采用主要技术是德士古煤制合成气技术、鲁奇公司合成甲醇技术及甲醇制丙烯技术，总投资约为 9671 亿元；榆横煤田项目所采用的技术，已经初步推荐采用 UOP/Hydro 公司的 MTO 工艺技术，项目推荐采用德士古煤制合成气技术，Lurgi 合成甲醇技术，UOP/Hydro 公司 MTO 工艺技术，总投资 8388 亿元。还有我国安徽省淮北煤矿甲醇制丙烯项目，据称，该项目将利用煤转化的合成气生产 200 万吨/年甲醇（先建一座 50 万吨/年甲醇厂，计划 3 年建成）。鲁奇公司将提供甲醇生产技术及甲醇制丙烯（MTP）技术，丙烯产能 35 万吨/年。

▶知 识 窗

　　目前我国石脑油和轻柴油等原料资源短缺，如果还是以它们作为低碳烯烃生产唯一原料来源，是不足以满足我国每年对低碳烯烃的增产需求的，要走出一条全新的路子。如果在我国煤炭资源丰富的地区，加快煤基 MTO 工艺的工业发展，实现以乙烯、丙烯为代表的低碳烯烃生产原料多元化，不失为解决我国石油资源匮乏，促进我国低碳烯烃工业快速发展之最有效途径，也有利于实现我国内地产煤大省实现煤炭资源优势转化；另一方面，近几年我国甲醇市场长时期维持在高位，使得社会大量投资甲醇的热情不减，人们已经担忧甲醇产品在未来数年的市场问题，而 MTO 技术，也为根本解决甲醇市场出路提供保证。

▌拓展思考▐

1. 什么是 MTO 工艺？
2. 我国 MTO 工艺技术现状发展如何？
3. MTO 工艺技术的发展有什么样的意义？

天然气水合物

Tian Ran Qi Shui He Wu

天然气水合物是分布于深海沉积物或陆域的永久冻土中，由天然气与水在高压低温条件下形成的类冰状的结晶物质。由于在外观上看起来与冰是一样的，加上它一遇火就会燃烧的性质，所以又被称作"可燃冰"或者"固体瓦斯"和"气冰"。

天然气水合物是在一定条件（合适的温度、压力、气体饱和度、水的盐度、PH 值等）下由水和天然气在中高压和低温条件下混合时组成的类冰的、非化学计量的、笼形结晶化合物（碳的电负性较大，在高压下能吸引与之相近的氢原子形成氢键，构成笼状结构）。它可用 $mCH_4 \cdot nH_2O$ 来表示，m 代表水合物中的气体分子，n 为水合指数（也就是水分子数）。组成天然气的成分如 CH_4、C_2H_6、C_3H_8、C_4H_{10} 等同系物以及 CO_2、N_2、H_2S 等可形成单种或多种天然气水合物。形成天然气水合物的主要气体为甲烷，对甲烷分子含量超过 99％的天然气水合物一般称为甲烷水合物。

天然气水合物在自然界的分布是十分广泛的，大陆永久冻土、岛屿的斜坡地带、活动和被动大陆边缘的隆起处、极地大陆架以及海洋和一些内陆湖的深水环境都会有天然气水合物的存在。一般而言，1 单位体积的气水合物分解最多可产生 164 单位体积的甲烷气体，因此天然气水合物可以说是一种重要的潜在未来新型资源。

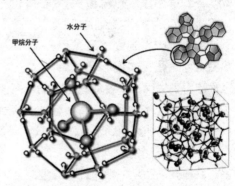

※天然气水合物的分子结构图

在 20 世纪科学考察中，发现了天然气水合物的存在，它是一种新的矿产资源。它是水和天然气在高压和低温条件下混合时产生的一种固态物质，外观上与冰雪或固体酒精没什么两样，点火即可燃烧，故有"可燃水"、"气冰"、"固体瓦斯"之称，被誉为 21 世纪具有商业开发前景的战略资源，天然气水合物是一种新型高效能源，其成分与人们平时所使用的天然气成分十分相近，但相比来说是更为纯净的，开采时只需将固体的"天然气水合物"升温减压，内部所蕴含的大量的甲烷气体便会随之释放出来。

　　天然气水合物使用方便，热值高，环保无污染。据了解，全球天然气水合物的储量是现有天然气、石油储量的两倍，其开发前景十分广阔有潜力，美国、日本等国均已经在各自海域发现并开采出天然气水合物，据估算，中国南海天然气水合物的资源量为 700 亿吨油当量，约相当中国目前陆上石油、天然气资源量总数的二分之一。

◎传统开采方法

　　1. 热激发开采法
　　热激发开采法是对天然气水合物层进行直接的加热，使天然气水合物层的温度超过它的平衡温度，从而促使天然气水合物最终分解为水与天然气的开采方法。这种方法经历了直接向天然气水合物层中注入热流体加热、火驱法加热、井下电磁加热以及微波加热等一系列的发展过程。热激发开采法可实现循环注热，

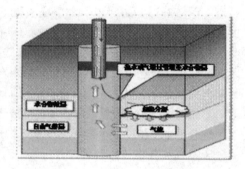

※示意图

且作用方式较快。随着加热方式的不断改进，促进了热激发开采法的进一步发展。但这种方法还没有很好地解决热利用效率较低的问题，而且存在只能进行局部加热的局限性，所以这一方法要待进一步的完善。

　　2. 减压开采法
　　减压开采法是一种通过降低压力而促使天然气水合物分解的开采方法。减压主要有两种途径：①采用低密度泥浆钻井达到减压目的；②当天然气水合物层下方存在游离气或其他流体时，通过泵出天然气水合物层下方的游离气或其他流体来降低天然气水合物层的压力。减压开采法不需要连续激发，价格低廉，适合较大面积的开采，尤其适用于存在下伏游离气层的天然气水合物藏的开采，是目前天然气水合物传统开采方法中最有发展前途的一种技术。但是美中不足的是它对天然气水合物藏的性质有特殊要求，只有当天然气水合物位于温压平衡边界附近时，减压开采法才得以进

行，才会具有经济价值的可行性。

3. 化学试剂注入开采法

化学试剂注入开采法通过向天然气水合物层中注入某些化学试剂，如盐水、甲醇、乙醇、乙二醇、丙三醇等，通过改变天然气水合物的生活环境和破坏它所需要的平衡条件，促使天然气水合物的分解。这种方法虽然可以显著的降低初期能量输入，但是拥有很大的缺陷，它所需的化学试剂费用非常昂贵，不够经济合理，对天然气水合物层的分解作用十分缓慢，而且还会对环境造成一些污染，所以，目前对这种方法投入的研究相对较少。

◎新型开采方法

1. CO_2 置换开采法。

第一个提出这种方法的是一位日本研究者，方法的依据仍然是天然气水合物稳定带的压力条件。在一定的温度条件下，天然气水合物保持稳定所需要的压力要比 CO_2 水合物高。因此在某一特定的压力范围内，天然气水合物会分解，而 CO_2 水合物则仍然保持稳定。如果此时向天然气水合物藏内注入 CO_2 气体，CO_2 气体就可能与天然气水合物分解出的水生成 CO_2 水合物。这种作用所释放出的热量可使天然气水合物的分解反应得以持续地进行下去。

2. 固体开采法。

固体开采法最初是直接采集海底固态天然气水合物，将天然气水合物拖至浅水区进行控制性的分解。这种方法进而演化为混合开采法或称矿泥浆开采法。该方法的具体步骤是，首先促使天然气水合物在原地分解为气液混合相，采集混有气、液、固体水合物的混合泥浆，然后将这种混合泥浆导入海面作业船或生产平台进行处理，促使天然气水合物彻底分解，从而获取天然气。

◎麦肯齐三角洲地区天然气水合物试采集

麦肯齐三角洲地区位于加拿大西北部，由于地处北极，环境十分的寒冷，这样的地理条件非常适合天然气水合物生成与保存。该区天然气水合物的研究有着悠久的历史。早在 1971～1972 年间，在该区钻探常规勘探井 MallikL238 井时，偶然于永冻层下 800～1100 米井段发现了天然气水合物曾经存在的有力证据；1998 年专为天然气水合物勘探钻探了 Mallik2L238 井，

RENSHIWOMENSHENBIANDETIANRANQI

该井于 897～952 米井段发现了天然气水合物，并采出了天然气水合物岩心。2002 年在麦肯齐三角洲地区实施了一项世界闻名的天然气水合物试采研究。该项目由加拿大地质调查局、日本石油集团、德国地球科学研究所、美国地质调查局、美国能源部、印度燃气供给公司、印度石油与天然气公司等 5 个国家 9 个机构共同参与投资，是该区有史以来的首次天然气水合物开采试验，同时也是世界上首次这样大规模对天然气水合物进行的国际性合作试采研究。

※ 天然气水合物的所在地

◎天然气水合物开采中的环境问题

随着天然气水合物藏的开采的进一步进行，会破坏天然气水合物赖以赋存的温压条件，由于温压条件发生改变，会引起水下的天然气水合物的分解。在天然气水合物藏的开采过程中如果不能有效地实现对温压条件的控制，很有可能会产生一系列的不堪设想的环境问题，如温室效应的严重加剧、海洋生态的变化甚至会引起海底滑塌事件等。

（1）甲烷作为一种强温室气体，它对大气辐射平衡的贡献仅次于二氧化碳。一方面，全球天然气水合物中蕴含的甲烷量约是大气圈中甲烷量的 3000 倍；另一方面，天然气水合物分解产生的甲烷进入大气的量即使只有大气甲烷总量的 0.5％，也会很大程度上的加剧温室效应。因此，天然气水合物开采过程中如果不能很好地对甲烷气体进行控制，就必然会带来很严重的环境问题。除去温室效应的问题之外，对处于海洋环境中的天然气水合物进行开采也会带来更多问题。进入海水中的甲烷会影响海洋生态。甲烷进入海水中后会发生较快的微生物氧化作用，海水的化学性质也会受到或大或小的影响。甲烷气体如果大量排入海水中，其氧化作用会消耗海水中大量的氧气，使海洋形成缺氧环境，对海洋微生物的生长发育带来近乎致命的危害。进入海水中的甲烷量如果特别大，还有可能造成海水汽化和海啸，甚至会产生海水动荡和气流负压卷吸作用，严重危害海面作业甚至海域航空作业。

（2）在开采过程中天然气水合物的分解会产生大量的水，释放岩层孔隙空间，使天然气水合物赋存区地层的固结性逐渐变差，长时间的话，很可能引发地质灾变。海洋天然气水合物的分解则可能导致海底滑塌事件。根据近年的研究发现，因海底天然气水合物分解而导致陆坡区稳定性降低是海底滑塌事件产生的最根本的原因。钻井过程中如果引起天然气水合物大量分解，很可能导致钻井变形，使在大海的钻井存在很大的风险。

（3）如何在天然气水合物开采中对天然气水合物分解所产生的水进行处理，是一个非常重要的、应该引起重视的问题。

可燃冰全称甲烷汽水包合物，也称作甲烷水合物、甲烷冰、天然气水合物。最初人们认为只有在太阳系外围那些低温、常出现冰的区域才可能有可燃冰的出现，但后来发现在地球上许多海洋洋底的沉积物底下，甚至地球大陆上都遍布着可燃冰，可燃冰的蕴藏量还是十分丰富的。

甲烷汽水包合物在海洋浅水生态圈中是较为常见的，它们通常出现在深层的沉淀物结构中，或是在海床处露出。甲烷汽水包合物据推测是因地理断层深处的气体迁移，以及沉淀、结晶等作用，于上升的气体流与海洋深处的冷水接触而逐渐形成的。

在高压状态下，甲烷汽水包合物在18℃的温度下的结构依然可以稳定。一般的甲烷汽水化合物组成为1摩尔的甲烷及每575摩尔的水，然而这个比例取决于多少的甲烷分子"嵌入"水晶格各种不同的包覆结构中。据观测的密度大约在0.9克/立方厘米。一升的甲烷汽水包合物固体，平均包含168升的甲烷气体。

甲烷形成一种结构一型水合物，其每单位晶胞内有两个十二面体（20个端点因此有20个水分子）和六个十四面体（24个水分子）的水龙头结构。其水合值20可由MASNMR来求得。甲烷汽水包合物频谱于275开尔文和31兆帕斯卡下记录，显示出每个笼形都反映出峰值，且气态的甲烷也有个别的峰值。

自20世纪60年代以来，人们陆续在冻土带和海洋深处发现了一种可以燃烧的"冰"。这种"可燃冰"就是天然气的水合物，可燃冰在地质上称之为天然气水合物，又称"笼形包合物"，分子结构式为：$CH_4 \cdot nH_2O$，现已证实分子结构式为$CH_4 \cdot 8H_2O$。

天然气水合物是一种白色固体物质，外观与冰相似，燃烧力极强，可以作为新型的高效的能源。它主要由水分子和烃类气体分子（主要是甲烷）组成，所以也称之为甲烷水合物。海底天然气水合物依赖巨厚水层的压力以此来保持其固体状态，其分布可以从海底到海底之下1000米的范围以内，再往深处则由于地温升高其固体状态遭到破坏而不复存在。

从物理性质来看，天然气水合物的密度接近并稍低于冰的密度，剪切系数、电解常数和热传导率均低于冰。天然气水合物的声波传播速度要比含气沉积物和饱和水沉积物明显高得多，中子孔隙度低于饱和水沉积物，这些差别是物探方法识别天然气水合物的理论基础。此外，天然气水合物的毛细管孔隙压力较高。

◎成因分析

可燃冰是天然气分子（烷类）被包进水分子中，在海底受低温与压力的共同作用下结晶形成的。形成可燃冰需要三个基本条件：温度、压力和原材料。首先，可燃冰可在 0℃以上生成，但超过 20℃便会分解。而海底温度一般保持在 2℃~4℃左右；其次，可燃冰在 0℃时，只需 30 个大气压即可生成，就海洋的深度而言，30 个大气压很容易保证，并且气压越大，水合物的分解就越不容易进行。最后，海底的有机物沉淀，其中丰富的碳经过生物转化，气源就会很充足。海底的地层是多孔介质，在温度、压力、气源三者都具备的条件下，可燃冰晶体就会在介质的空隙间中缓慢大量地生成。

◎发展历程

1810 年，首次在实验室发现天然气水合物。

1934 年，苏联在被堵塞的天然气输气管道里发现了天然气水合物。由于水合物的形成，输气管道被堵塞。这一巨大的发现引起苏联人对天然气水合物的高度重视。

1965 年，苏联首次在西西伯利亚永久冻土带发现天然气水合物矿藏，这引起了世界各国科学家极大地关注。

1970 年，苏联开始对该天然气水合物矿床进行商业性质的开采。

1970 年，国际深海钻探计划（DSDP）在美国东部大陆边缘的布莱克海台实施深海钻探，在海底沉积物取心过程中，发现冰冷的沉积物岩心嘶嘶地冒着气泡，并达数小时。当时的海洋地质学家非常不解。经过后来的分析得知，气泡是水合物分解引起的，他们在海底取到的沉积物岩心其实含有水合物。

1971 年，美国学者 Stoll 等人在深海钻探岩心中首次发现海洋天然气水合物，并正式提出"天然气水合物"概念。

1974 年，苏联在黑海 1950 米水深处发现了天然气水合物的冰状晶体样品。

1979 年，DSDP 第 66 和 67 航次在墨西哥湾实施深海钻探，从海底获得 9124 米的天然气水合物岩心，首次验证了海底的确存在天然气水合物矿藏。

1981 年，DSDP 计划利用"格罗玛·挑战者"号钻探船也从海底取上了 0.9 米长的水合物岩心。

1992 年，大洋钻探计划（ODP）第 146 航次在美国俄勒冈州西部大陆边缘 Cascadia 海台取得了天然气水合物岩心。

1995 年，ODP 第 164 航次在美国东部海域布莱克海台实施了一系列深海钻探，取得了大量水合物岩心，由此证明了天然气水合物所具有的巨大的商业价值。

1997 年，大洋钻探计划考察队利用潜水艇在美国南卡罗来纳海上的布莱克海台首次完成了水合物的直接测量和海底观察。同年，ODP 在加拿大西海岸胡安－德夫卡洋中脊陆坡区实施了深海钻探，取得了天然气水合物岩心。至此，以美国为首的 DSDP 及其后继的 ODP 在 10 个深海地区发现了大规模天然气水合物聚集：秘鲁海沟陆坡、中美洲海沟陆坡（哥斯达黎加、危地马拉、墨西哥）、美国东南大西洋海域、美洲西部太平洋海域、日本的两个海域、阿拉斯加近海和墨西哥湾等海域。

1996～1999 年期间，德国和美国科学家通过深入观察和抓斗取样，在美国俄勒冈州岸外 Cascadia 海台的海底沉积物中取到嘶嘶冒着气泡的白色水合物块状样品，发现该水合物块可以被点燃，燃烧时会发出熊熊的火焰。

1998 年，日本通过与加拿大合作，在加拿大西北 Mackenzie 三角洲进行了水合物钻探，在 890～952 米深处获得 37 米水合物岩心。该钻井深 1150 米，是高纬度地区永冻土带研究气体水合物的第一口井。

1999 年，日本在其静冈县御前崎近海挖掘出外观看起来和雪团一样的天然气水合物。

◎海洋生成

有两种不同种类的海洋存量。最常见的大部分（>99%）都是甲烷包覆于结构一型的包合物，而且一般都在沉淀物的深处才能被发现。受此结构的影响，甲烷中的碳同位素较轻（$\delta 13C < -60‰$），因此指出其是微生物由 CO_2 的氧化还原作用而来。这些位于深处矿床的包合物，一般认为应该是从微生物产生的甲烷环境中原处形成，因为这些包合物与四周溶解的甲

烷 δ13C 值是基本相同的。

这些矿床坐落于中深度范围的区域内，大约 300～500 米厚的沉积物中，称作汽水化合物稳定带（Gas Hydrate Stability Zone）或 GHSZ），且该处共存着溶于孔隙水的甲烷。在这区域之下，甲烷只能以溶解形态存在，并随着沉积物表层的距离而浓度由此逐渐减小。由此往上，甲烷是气态的。在大西洋大陆脊的布雷克海脊，

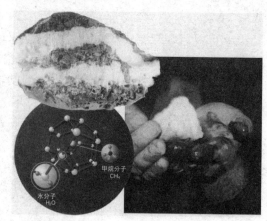

※分子结构

GHSZ 在 190 米的深度开始延伸至 450 米处，并于该点达到了气态的相平衡。据测量结果显示，甲烷在 GHSZ 的体积占了 0%～9%，而在气态区域占了大约 12% 的体积。

在接近沉积物表层所发现较为少见的第二种结构中，某些样本有较高比例的碳氢化合物长链（<99% 甲烷）包含于结构二型的包合物中。其甲烷的碳同位素较重（δ13C 为 −29‰～−57‰），据推断是由沉积物深处的有机物质，经热分解后形成甲烷而往上迁移最终形成的。此种类型的矿床在墨西哥湾和里海等海域均有出现。

某些矿床具有微生物生成和热生成类型的特性，因此预估会出现两种混合的形态。

汽水化合物的甲烷主要是由缺氧环境下有机物质的细菌分解的。在沉积物最上方几厘米的有机物质通常会先被好氧细菌所分解，然后产生 CO_2，并从沉积物中缓缓释放进水团中。在此区域的好氧细菌活动中，硫酸盐会被转变成硫化物。若沉淀率很低（<1 厘米/千年）、有机碳成分很低（<1%），当有充足的氧气时，好氧细菌把所有沉积物中的有机物质全部耗光。但该处有很高的沉淀率和有机碳成分，沉积物中的孔隙水仅在几厘米深的地方是缺氧态的，而甲烷是通过厌氧细菌才产生的。此类甲烷的生成是需要很复杂的程序，需要各个种类的细菌活动、一个还原环境（Eh−350to−450mV），且环境 pH 值需介于 6～8 之间。在某些海域（例如墨西哥湾）包合物中的甲烷至少会有部分是由有机物质的热分解所产生，但大多是从石

油分解而成。包合物中的甲烷一般会具有细菌性的同位素特征，以及很高的 δ13C 值（−40to−100‰），平均大约是−65‰。在固态包合物地带的下方处，沉积物里的大量甲烷通常会以气泡的方式释放出来。

海洋生成的甲烷包合物，有着鲜为人知的蕴藏量。自从 20 世纪六七十年代，包合物首次发现可能存在与海洋中的那段时期，其预估的蕴藏量就每十年以数量级的概估速度迅速的减退。曾经预估过的蕴藏量（高达 $3×10^{18}$ m&.sup3）是建构在假设包合物非常稠密地散布在整片深海海床上。然而，随着我们对包合物化学和沉积学等知识有了更深层次的了解之后，发现水合物只会在某个狭窄范围内（大陆棚）的深度下在特定的条件下才可以形成，以及某些地点的深度范围内才会存在（10−30％部分的 GHSZ 区），而且通常是在低浓度（体积的 0.9～15％）的地点。现在最新的方法是强制采用直接取样的方式，指出全球含量介于 $1×10^{15}$ ～$5×10^{15}$ m&.sup3 之间。这个预估结果，对应出大约 500～2500 个十亿吨单位的碳（GtC），比预估所有矿物燃料的 5000GtC 数量要少得多，但就整体上来看超过所预估其他天然气来源的 约 230GtC。在北极圈的永冻地带，其储藏量预估可达约400GtC，但在南极区域并不能估测出水合物的蕴藏量是多大。这都是一些庞大的数字，相较于大气中的总碳数也才大约 700 个 GtC。

◎大陆生成

在大陆岩石内的甲烷包合物会受限在深度 800 米以上的砂岩或粉砂岩岩床中，通过分析采样的结果指出，这些包合物大多以热力或微生物分解气体的混合方式形成，其中较重的碳氢化合物之后才会选择性地被分解。这类的形态存于阿拉斯加和西伯利亚。

天然气水合物的蕴含量非常的大，甚至要比上石油的总储量大上近几百倍。这些可然冰都蕴藏在全球各地的 450 米深的海床上，表面看起来，与干冰的外形很像，具有可燃性。假如在美东南沿海水下 2700 平方米面积的可燃冰全部开发利用的话，大约可使用 100 年左右。中国地质大学（武汉）和中南石油局第五物探大队在藏北高原羌塘盆地开展的大规模地球物理勘探成果表明：继塔里木盆地后，西藏地区很有可能成为中国 21 世纪第二个石油资源战略接替区。

开采设想：由于可燃冰在常温常压下极不稳定的特性，因此开采可燃冰的方法设想有：①热解法；②降压法；③二氧化碳置换法。

◎分布地区

随着全球人口的日益增加，对全球蕴藏的常规石油天然气资源的消耗也会越来越大，据专家预计在四五十年之后石油天然气资源就会面临枯竭的严峻挑战。能源危机给人们的生活带来了巨大的困扰，而可燃冰的发现，为寻找新能源找到了方向，就像是上天赐予人类的珍宝，可燃冰经过长时间的积累，形成延伸数千米至数万千米的矿床。仅仅是现在探明的可燃冰储量，就比全世界煤炭、石油和天然气加起来的储量都要多得多。

海底天然气水合物作为 21 世纪的重要后续的优质能源，及其对人类生存环境及海底工程设施所带来的严重危害，也引起了科学家们和世界各国政府的关注。本世纪六十年代开始的深海钻探计划（DSDP）和随后的大洋钻探计划（ODP）在世界各大洋与海域有计划地进行了大量的深海钻探和海洋地质地球物理勘查，在多处海底直接或间接地发现了天然气水合物。

世界上已发现海底天然气水合物的主要分布区是大西洋海域的墨西哥湾、加勒比海、南美东部陆缘、非洲西部陆缘和美国东海岸外的布莱克海台等，西太平洋海域的白令海、鄂霍茨克海、千岛海沟、冲绳海槽、日本海、四国海槽、日本南海海槽、苏拉威西海和新西兰北部海域等，东太平洋海域的中美洲海槽、加利福尼亚滨外和秘鲁海槽等，印度洋的阿曼海湾，南极的罗斯海和威德尔海，北极的巴伦支海和波弗特海，以及大陆内的黑海与里海等。

沉淀物生成的甲烷水合物含量可能还包含了 2～10 倍的已知的传统天然气量。这很充分的说明它是未来极具潜力的重要矿物燃料来源。然而，大多数的矿床地点很可能都过于分散而造成经济开采困难。另外面临经济开采的问题还有：侦测可采的储藏区，从水合物矿床开采甲烷气体的角度进行技术开发。在日本，已进行一项研发计划，预计要在 2016 年进行商业规模的开采。2006 年八月，中国宣布计划耗资 8000 万元（1000 万美元）在未来的十年内研究天然气水化合物。而另一个富潜力的经济储藏区于墨西哥湾，在这一地区可能包含了大约 10^{10} 立方米的甲烷资源。

只有四个国家有能力开采"可燃冰"这种矿物，分别为：美国、日本、印度及中国。

可燃冰是天然气和水结合在一起的固体化合物，外形与冰差异不大。

由于含有大量甲烷等可燃气体，因此极易燃烧。同等条件下，可燃冰燃烧产生的能量比煤、石油、天然气要多出数十倍，而且燃烧后不产生任何残渣，不会对环境有任何的污染。科学家们如获至宝，把可燃冰称作"属于未来的能源"。

◎未来规划

作为未来重要的新型能源矿藏——"可燃冰"将首次纳入到能源规划之中。2011年3月15日，可燃冰已经纳入"十二五"能源发展规划，加快加强勘探和科学研究，以便为未来的开发利用奠定良好的基础。

无论是国土资源部，还是国家能源局，对可燃冰的态度都有了明确的态度。作为一种新型能源，可燃冰纳入"十二五"能源发展规划更多的是侧重于勘探和科学研究。

国土资源部总工程师张洪涛曾向记者介绍，天然气水合物又称"可燃冰"，是由水和天然气在高压、低温条件下混合而成的一种固态物质，外貌与冰雪或固体酒精相似，遇火即可燃烧，具有使用方便、燃烧值高、清洁无污染等特点，是公认的尚未开发的最大的新型能源。

中国在南海、青藏高原冻土带先后发现可燃冰，其中中国作为第三大冻土大国，具备良好的天然气水合物赋存条件和资源前景。据科学家粗略估算，远景资源量至少有350亿吨油当量。

虽然拥有十分广阔良好的发展前景，但在短期内可燃冰的开采所遇到的问题却仍然难以解决。

"可燃冰勘探开发是一个系统工程，涉及海洋地质、地球物理、地球化学、流体动力学、钻探工程等多个学科。"广州海洋地质调查局专家说，大力开展可燃冰勘探开发研究，同时也可带动相关产业发展，形成一个新的经济点。

业内分析人士指出，尽管中国对可燃冰勘探研究比国外要晚一些，但在海域可燃冰勘探和实验合成等领域已经与世界保持同步，甚至在某些方面形成了自己的技术特色，在可燃冰纳入能源规划的大背景下，提早获得开采技术突破的可能性也是存在的。

◎主要危害

天然气水合物在给人类带来新的能源前景的同时，也对人类生存环境也提出了严峻的挑战。天然气水合物中的甲烷，其温室效应为CO_2

认识我们身边的天然气

的 20 倍，一旦有甲烷泄露的情况出现，温室效应就会加剧，而由于温室效应造成的异常气候和海面上升对人类的生存更是构成了巨大的威胁。全球海底天然气水合物中的甲烷总量约为地球大气中甲烷总量的 3000 倍，稍有不慎，让海底天然气水合物中的甲烷气"逃逸"到大气中去，带来的后果是无法想象的。而且固结在海底沉积物中的水合物，一旦条件变化使甲烷气从水合物中释出，这同时会改变沉积物的物理性质，极大程度地降低了海底沉积物的工程力学特性，使海底软化，这会造成大规模的海底滑坡，也会毁坏海底工程设施，如：海底输电或通信电缆和海洋石油钻井平台等。

天然可燃冰呈固态，所以不会像石油开采那样自喷流出。如果把它从海底一块块搬出，那么在从海底到海面的运送过程中，甲烷就会因为挥发而基本消失，同时对环境造成了极大的威胁。为了获取这种清洁能源，世界许多国家都在积极地研究天然可燃冰的开采方法。科学家们认为，一旦开采技术获得突破性进展，那么可燃冰就立刻会成为 21 世纪的主要能源。

◎重要性

由于可燃冰含有大量甲烷等可燃气体，所以燃点很低，极易燃烧。在其他条件都相同的情况下，燃烧可燃冰所产生的能量要比煤、石油、天然气要多出数十倍，而且燃烧后不产生任何残渣和废气，不会污染大气。

可燃冰这种宝贝，是一种干净清洁的新能源，但是不易形成，它的诞生至少要满足三个条件：第一是温度不能太高，如果温度高于 20℃ 它就会"烟消云散"，所以，海底的温度最适合可燃冰的形成；第二是要有足够大的压力，随着海底压力的增大，可燃冰的性质也随之越稳定；第三是要有甲烷气源，海底古生物尸体的沉积物，被细菌分解后会产生甲烷。所以在世界各大洋中均有可燃冰的分布。

◎地震标志

要想知道海洋中是否有天然气水合物存在，它最主要的地震标志有拟海底反射层（BSR）、振幅变形（空白反射）、速度倒置、速度—振幅异常结构（VAMP）等。要想直接判断大规模的甲烷水合物聚集可以通过高电阻率（>100 欧米）声波速度、低体积密度等号数来实现判读。

BSR 是地震剖面上的一个平行或基本平行于海底、可切过一切层面或断层的反射界面，常常会有大量的游离甲烷气体蕴藏在天然气水合物稳定带之下，从而导致在地震反射剖面上产生 BSR 目前已经经过科学研究证实，BSR 代表的是气体水合物稳定带的基底，其上为固态的水合物层段，声波速率高，其下为游离气或仅孔隙水充填的沉积物，

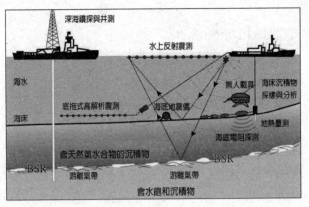

深海钻探与井测

水上反射震测

海水

海床

底拖式高解析震测

海底地震仪

无人载具

海床沉积物探样与分析

海底电阻探测

地热量测

含天然气水合物的沉积物

BSR

游离气带

BSR

游离气带

含水饱和沉积物

※ 示意图

声波速率低，因而在地震剖面上会形成强的负阻抗反射界面。因此，BSR 是由于低渗透率的水合物层与其下大量游离天然气及饱和水沉积物之间在声阻抗（或声波传播速度）上的较大差别引起的。因为水合物层的底界面主要受所在海域的地温梯度控制，往往位于海底以下一定的深度，因此 BSR 基本平行于海底，被称为"拟海底反射层"。BSR 除被用来识别天然气水合物的存在和编制水合物分布图外，还被用来判明天然气水合物层的顶底界和产状，计算水合物层深度、厚度和体积。

然而，并非全部的水合物都存在 BSR 平缓的海底，即使有天然气水合物，也不易识别出，BSR 通常会在斜坡或地形起伏的海域被发现。除此之外，也并不是所有的 BSR 都会有相对的天然气水合物。还应注意的是，尽管绝大部分水合物层都位于 BSR 之上，但是还是存在极少部分的水合物是位于 BSR 之下的，这种理论已被深海钻探证明。因此，BSR 是不能被作为天然气水合物的唯一标志，我们应该结合其他方法进行综合的分析判断。近几年，分析和研究地震的速度结构成为该学科领域的前沿。水合物层是高速层，其下饱气或饱水层是低速层。在速度曲线上，BSR 界面处的速度会有突然降低的情况出现，这直接明显地表现出速度异常结构。此外，从分析振幅结构上，也可以识别天然气水合物。相比来说，水合物层是刚性层，其下饱气或饱水层是塑性层，在振幅曲线上，BSR 界面处的振幅会出现突然减小，表现出明显的振幅异常结构。这些方法对海底平缓的海域来说，是非常科学而且重要的。

◎地球化学标志

天然气水合物的地球化学标志主要有：浅层沉积物和底层海水的甲烷浓度异常高、浅层沉积物孔隙水 Cl 含量（或矿化度）和 &delta；18O 异常高、出现富含重氧的菱铁矿等。

◎海底地形地貌标志

在海洋环境中，水合物富集区烃类气体的渗逸会在海底形成特殊环境和特殊的微地形地貌。其中泄气窗、甲烷气苗、泥火山、麻点状地形、碳酸盐壳、化学合成生物群等是天然气水合物最主要的地貌标志。在最近几年德国基尔大学 Geomar 研究所通过海底观测，在美国俄勒冈州西部大陆边缘 Cascadia 水合物海台就发现了许多不连续分布、大小在 5 立方厘米左右的水合物泄气窗，泄气窗中甲烷气苗也会随之大量的渗出，渗气速度为每分钟 5 立方分米。在该渗气流的周围有微生物、蛤和碳酸盐壳。

▶知识窗

天然气水合物可以通过底质沉积物取样、钻探取样和深潜考察等方式直接识别，也可以通过拟海底反射层（BSR）、速度和振幅异常结构、地球化学异常、多波速测深与海底电视摄像等方式间接识别。

拓展思考

1. 天然气水合物是一种新型能源吗？
2. 天然气水合物的开采有何意义？
3. 可燃冰是天然气和水结合在一起的固体化合物吗？

认识我们身边的天然气

天然气压缩机

Tian Ran Qi Ya Suo Ji

◎天然气压缩机的构造原理

　　天然气加气站用压缩机，它的主要构件有电机、曲轴连杆机构、气缸、活塞。气体的压缩级数为三级或四级，连杆、气缸与活塞组成的列数为两列，同一列的不同级的气缸之间不设置平衡段缸且采用倒级差组合结构，每一列中的气缸填料与活塞环为自润滑材料环。与现有天然气加气站用压缩机相比，不仅在结构方面做了简化，而且使压缩机运转的平稳性有所提高，能耗也有降低，并可得到无油污染的压缩天然气。

　　天然气压缩机的工作原理是在压缩机运转时，电动机带动曲轴作旋转运动，通过连杆使活塞作往复运动。曲轴旋转一周，活塞往复运动一次，气缸内相继实现吸气、

※天然气压缩机

压缩、排气的过程，这样就形成一个完整的工作循环过程。

　　(1) 吸气过程当活塞向左运动时，气缸内的工作容积逐渐增大而迫使气缸内的压力逐渐降低。当压力降至稍低于进气管中压力时，进气管中气体便顶开吸气阀进入气缸，直到活塞达到最左位置（又称内止点）时，工作容积为最大，吸气阀开始关闭。

　　(2) 压缩过程当活塞向右运动时，随着气缸内工作容积缩小，气体压力开始逐渐增大。由于吸气阀有止逆作用，导致气缸内的气体不能倒流到进气管中。加上排气管中的气体压力又高于气缸内部的压力，气缸内的气

体无法从排气阀流出，而排气管中的气体因排气阀的止逆作用，也不能进入气缸内。在这个时候，气缸内的气体量保持一定，随着活塞的右移，气体压力也在不断升高。

（3）排气过程中当活塞右移到一定的位置时，气缸内气体压力便会升高到稍高于排气管中气体压力，气体便顶开排气阀进入排气管中，直至活塞运动到最右位置（又称外止点）为止。排气阀关闭，活塞再次左移，直至重复出现上述过程。

压缩机的构成部分主要是：压缩机机体与气缸、润滑系统和冷却系统。

知 识 窗

·润滑系统·

压缩机润滑系统包括电机驱动的预润滑油泵，机带主油泵，手摇油泵，电机驱动的滑油冷却器，温控阀，强制注油器，滑油滤器，曲轴箱滑油器加热器，储油箱，自动补油阀，以及配套的管线和手阀等。

·冷却系统·

压缩机的冷却系统包含有滑油冷却和天然气冷却两部分，在上面已经介绍了滑油冷却，在压缩机撬块内安放一台管壳式换热器，来自一级压缩出口的天然气由壳程流过，海水从管程流过与天然气换热后直接排入大海，在海水出口处有流量调节阀，可以在控制盘上以自动或手动的方式控制阀开度，来控制冷却海水流量，以达到控制进入二级压缩入口天然气的温度的目的。

此种冷却成为级间冷却。我们知道由于压缩机单级压缩能力有限，如果要得到更高的压力，必须采用多级压缩，但是在一级压缩后，天然气压力升高，随之温度升高，气体体积增大，在经过级间冷却后，气体温度下降，体积缩小，而压力却没有大的变化。采用级间冷却技术可以实现压缩机多级压缩，从而实现超高压力输出，同时有效降低功率消耗，提高压缩机的压缩效率。

拓展思考

1. 天然气压缩机的优点是什么？
2. 天然气压缩机在我国的应用范围广吗？

天然气加气站

Tian Ran Qi Jia Qi Zhan

天然气加气站是指以压缩天然气（CNG）形式向天然气汽车（NGV）和大型 CNG 子站车提供燃料的场所。天然气管线中的气体一般先经过前置净化处理，除去气体中的硫分和水分，再由压缩机组将压力由 0.1～10 兆帕斯卡压缩到 25 兆帕斯卡，最终通过售气机给车辆加气的方式进行。

◎天然气加气站分类

天然气加气站的分类一般根据站区规模或附近是否有管线天然气，可分为常规站、母站和子站。

（1）常规站：常规站是建在有天然气管线通过的地方，从天然气管线直接取气，天然气经过脱硫、脱水等工艺，进入压缩机进行压缩，然后进入储气瓶组储存或通过售气机给车辆加气。通常常规加气量在 600～1000 标方每小时之间。

（2）母站：母站是建在临时天然气管线通过的地方，从天然气管线直接取气，经过脱硫、脱水等工艺，进入压缩机压缩，然后进入储气瓶组储存或通过售气机给母站的车辆加气，加量在 2500～4000 标方每小时之间。

（3）子站：子站是建在天然气长输管线没有经过的地方，通过子站运转车（槽车）从母站运来的 25 兆帕斯卡的压缩天然气，连接子站的卸气柱，转存在储气瓶组，最后经售气机给天然气汽车加气。

◎子站工艺流程

拖车中的压缩天然气经卸气桩进入压缩机，接着经过优先顺序控制系统按顺序流向售气机、高压瓶组、中压瓶组。首先，拖车中的压缩天然气直接流向站用储气高中压瓶组，当压力平衡后，压缩机启动将高中压瓶组增压到 25 兆帕斯卡，当汽车来加气时，拖车瓶组先给车加气，当压力、流速降低时，自动切换到从中高压站用瓶组取气。如果站用储气瓶组压力较低，压缩机启动，便可以直接将气体排向正在加气的车辆。

CNG 加气站主要由 6 个系统组成：天然气调压计量系统、天然气净化系统、天然气压缩系统、天然气储存系统、CNG 加气系统、控制系统。输送至加气站的天然气经过稳压计量后，进入净化处理装置进行净化处理，用压缩机加压，再经高压脱水后经顺序控制盘送入储气系统，最终由加气机对外计量加气。

※加气站

脱硫装置用于对进站天然气进行脱硫净化处理，将硫含量降低到符合加气站所需的气质要求，然后送至压缩机。压缩机是系统中的关键设备，它所耗用的价格是整个工程是否可行的关键因素，压缩机性能的好坏会直接影响全站的运行。

经过预处理的低压原料气由压缩机分级压缩至 25 兆帕斯卡，然后进入高压脱水装置。脱水装置主要为干燥器，根据工艺流程的不同，可以将干燥器布置在压缩机前（低压脱水）和压缩机后（高压脱水）。使用高压脱水所需的设备少，脱水剂量小，再生能耗低。顺序控制盘的作用与 L－CNG 加气站顺序控制盘的作用相同。储气系统用于储存压力为 25 兆帕斯卡的天然气，以便在需要时向加气机供气。

▶ 知识窗

什么是"CNG"汽车？

以压缩天然气作为燃料的汽车称为"CNG"汽车，对在用车来讲，将定型汽油车改装，在保留原车供油系统完整的情况下，增加一套专用压缩天然气装置，便是"CNG"汽车。

拓展思考

1. "CNG"汽车的前景怎么样？
2. "CNG"汽车的工作原理是怎样的？

认识我们身边的天然气